工业和信息产业科技与教育专著出版资金项目
普通高等教育"十二五"规划教材
全国普通高等学校优秀教材

大学计算机——基于计算思维

（Windows 7 + Office 2010）

张清立　陈　松　高　飞　主编

查丽斌　万志伟　朱丽萍　编

电子工业出版社
Publishing House of Electronics Industry
北京·BEIJING

内 容 简 介

本书是工业和信息产业科技与教育专著出版资金项目，从实践与实用的角度出发，基于计算思维，较全面地介绍了计算机的基本知识，通过丰富的实践案例深入浅出地分析和讲解重要的概念、方法和技术。全书共 5 章，主要内容包括：计算机基础知识、Windows 7 操作系统、文字处理软件 Word 2010、演示文稿制作软件 PowerPoint 2010、电子表格制作软件 Excel 2010，每章后附上机实验和习题，提供配套电子课件和习题参考答案。本书内容精练、层次分明、案例丰富、理论与实践紧密结合。

本书可作为高等学校非计算机专业大学计算机基础课程的教材，也可以作为高职高专、网络课程的培训和自学教材使用，有助于计算机初学者系统地学习计算机基础知识。

图书在版编目（CIP）数据

大学计算机：基于计算思维：Windows 7+Office 2010 / 张清立，陈松，高飞主编. — 北京：电子工业出版社，2015.8
ISBN 978-7-121-26342-2

I. ①大… II. ①张… ②陈… ③高… III. ①Windows 操作系统－高等学校－教材 ②办公自动化－应用软件－高等学校－教材 IV. ①TP316.7 ②TP317.1

中国版本图书馆 CIP 数据核字（2015）第 130784 号

策划编辑：王羽佳
责任编辑：周宏敏
印　　刷：三河市双峰印刷装订有限公司
装　　订：三河市双峰印刷装订有限公司
出版发行：电子工业出版社
　　　　　北京市海淀区万寿路 173 信箱　　邮编：100036
开　　本：787×1092　1/16　印张：12.75　　字数：376 千字
版　　次：2015 年 8 月第 1 版
印　　次：2016 年 8 月第 3 次印刷
定　　价：32.00 元

凡所购买电子工业出版社图书有缺损问题，请向购买书店调换。若书店售缺，请与本社发行部联系，联系及邮购电话：(010) 88254888。

质量投诉请发邮件至 zlts@phei.com.cn，盗版侵权举报请发邮件至 dbqq@phei.com.cn。

服务热线：(010) 88258888。

前　言

随着信息化的全面深入，无处不在、无事不用的计算机使人类社会的生存方式发生了根本的改变，从而产生了计算机文化。在这样一种文化环境下，要想进一步发展，就必须具备计算思维的能力。利用这种思维，可以让我们在遇到问题时，会用计算机科学的基本概念进行分析、设计，进而解决问题。

计算思维的培养不是一蹴而就的，需要分阶段以螺旋上升的方式进行，而每一个螺旋的起点就是计算机的操作能力，只有在对计算机熟练操作的基础上才会引发思考，进而掌握计算思维的方法，最后达到具备计算思维的能力。本书正是本着这样的目标，通过对教学内容进行重新审视，使其既适合于计算思维的培养，也适合于计算机基础的教学，满足社会发展对人才的需求。全书层次清晰、图文并茂、通俗易懂、理论与实践紧密结合，注重对学生实际动手能力的培养和训练，为计算思维的培养奠定了坚实的基础，具有很强的实用性和可操作性。

本书采用知识讲解、自己动手、综合设计的书写形式，将理论知识点融入自己动手的案例中，采用小案例的形式力求将知识难点分散，并在关键点上通过"自己动手"以及任务叠加的形式引发读者对该课程的学习兴趣，从而达到对过去知识的巩固和对新知识的理解与掌握。通过操作题中的综合案例，使读者能够在分析清楚问题的基础上，综合运用所学知识，完成综合设计任务，从而掌握计算机的基本知识并具备熟练操作计算机的能力。

张清立负责本书统稿，并编写了本书第3章，第1章由万志伟、朱丽萍编写，第2章由查丽斌编写，第4章由高飞编写，第5章由陈松编写，全书实验项目由陈松设计。

我们向使用本书作为教材的老师提供电子课件和习题参考答案，请登录华信教育资源网http://www.hxedu.com.cn注册下载。

本书的编写基于大学计算机课程课时缩减的现状，由于编写时间较为仓促，加之编者水平有限，书中误漏之处难免，敬请读者批评指正。

编　者

2015 年 7 月

目 录

第 1 章　计算机基础知识

计算机产生于 20 世纪 40 年代，随着人类社会的发展，计算机也得到迅猛发展，甚至推动了人类社会的发展。它已经成为当今人类社会中不可缺少的重要组成部分，是人们工作、生活和学习中必不可少的工具，熟练操作计算机并逐步培养计算思维已经成为走入社会的每个人必备的基本技能。

1.1　概　　述

最早产生的计算机是作为高性能的计算工具出现在人们眼前的，它是人类计算工具所经历的从简单到复杂、从低级到高级的发展产物。随着人们对其要求的不断提高，计算机由最初的计算工具发展成为一种能高速运算、具有内部存储能力、由程序控制并能自动进行信息加工的涉足各行各业的、可以实现管理和控制的设备。

1.1.1　计算机及计算机文化

1. 全面认识计算机

生活中，我们在频繁地使用计算机，而对于什么是计算机这个问题，有人会说，它是我的播放器；有人会说，它是我的游戏机；有人会说，它是我的聊天工具。每个人站在自己的角度给出了一个答案，应该说都不算错，只是这种把计算机当成工具的认识过于偏颇。对于广大用户来说，我们都仅仅是计算机的使用者，而使用者又分为初级使用者和技术使用者。初级使用者仅仅是一个计算机的操作员，他不需要了解更多的计算机知识，只需熟练使用计算机的某个软件即可；而技术使用者是在经历了初级使用者这个阶段后，在对计算机的操作较为熟练的前提下，利用计算机并结合当前的文化环境来解决相关问题的。因此，从技术使用者这个角度来看，只把计算机当作一个工具的认识就有些狭隘了。应该认识到，计算机不仅仅是一种解决企业、单位和家庭中各种问题的工具，它已经成为深入我们的生活，影响我们对事物的看法、分析和行为的文化。

目前我们使用计算机解决的常用问题比早期的问题都带有更多的分析因素，主要是指现实情况与希望目标之间差异所产生的。比如，一个大型商场希望把销售额提高 10%，目前的日销售额平均为 30 万，这就是问题；又比如，你所授课班级这学期的数学及格率只有 50%，你希望下学期上升到 60%，这就是问题；再比如：我们希望在 2 小时内对某些事做出决定，而实际上需要一天的时间，这也是问题。而这些问题的解决不是靠熟练使用某个软件能办到的。

2. 计算机文化的产生

自第一台微型计算机 1975 年问世以来，至今不过 40 年，微型计算机（PC）的普及率之高令人难以想象。在中国，微型计算机的销售量以每年近 50% 的速度增长。伴随着微型计算机价格持续下降、性能大幅度提高、操作日趋简便以及多媒体、网络技术和通信技术的渗透，特别是嵌入式系统的产生和发展，如将嵌入式芯片装入汽车、机床、电网、微波炉、洗衣机、冰箱、空调、电话和电视机中，打破了人们对计算机应用的传统认识，大大地扩充了计算机的应用范围，使计算机技术的应用领域几乎无所不在，成为人们工作、生活、学习不可或缺的重要组成部分。人类社会的生存方式因使用计算机而发生了根本性变化，从而造就了计算机文化这一崭新文化形态的产生。

计算机文化可以从三个方面体现：

① 计算机理论及其技术对自然科学、社会科学的广泛渗透所表现的丰富文化内涵；

② 计算机的软、硬件设备，作为人类所创造的物质设备丰富了人类文化的物质设备品种；

③ 计算机应用介入人类社会的方方面面，从而创造和形成的科学思想、科学方法、科学精神、价值标准等成为一种崭新的文化观念。

3. 计算思维

计算机的用户主要分为两类：初级用户，技术用户。

对于初级用户来说，他们把计算机仅仅看成是一个工具。站在这个层面上的用户一定要了解计算机属于哪种工具。工具大体上可以分为两种，一种是替代或补充人的身体运动和体力劳动的工具；另一种是替代或补充人的智力活动和脑力劳动的工具。显然，计算机更多时候是在替代或延伸人的大脑，当然也有部分计算机和其他工具结合，实现既替代脑力劳动又替代体力劳动的工具。比如，全自动洗衣机、机器人等。但其主要作用还是人脑功能的延伸。

工具的价值不在于它的本身，而在于它的使用。计算机再好，不用就是一堆废铁。作为工具而言，计算机比以往任何工具都通用，它是具有各种功能的高级工具，若使用得当，可以发挥巨大作用，使用不当则后患无穷。

随着计算机应用范围的不断扩大，不会使用计算机或使用方法不当，必将影响未来的工作和生活。

由于计算机理论和应用与传统的自然科学和社会科学碰撞、交融产生了计算机文化。在这样一种文化环境下，要想进一步发展，必然需要运用计算机科学的基本概念去求解问题、设计系统以及理解人类行为。而这一切光靠工具的使用是不够的，必须养成计算机文化环境中所需要的计算思维，利用这种思维，可以让我们在遇到问题时，会用计算机科学的基本概念进行分析、设计、进而解决问题。

（1）计算思维的概念

计算思维是人类最早产生的思维之一，从古代的结绳计数、算筹、算盘到近代的加法器、计算器再到现代的计算机，直至目前风靡全球的云计算、大数据，计算思维的内容不断拓展，推动社会科技的进步，然而由于人们将计算思维封装到了"计算"的范畴，将其归入数学这一领域，导致长期以来不受重视，直到计算机能力的异常强大，人们才开始重新关注计算思维。最早重视计算思维的是美国卡耐基·梅隆大学的周以真教授，她对计算思维进行了清晰系统的阐述。周以真教授认为：计算思维是运用计算机科学的基础概念进行问题求解、系统设计以及人类行为理解等涵盖计算机科学之广度的一系列思维活动。

（2）计算思维的培养

随着信息化的全面深入，无处不在、无事不用的计算机使计算思维成为人们认识和解决问题的重要基本能力之一。一个人若不具备计算思维的能力，将在未来社会的竞争中处于劣势。计算思维不仅是计算机专业人员应该具备的能力，而且也是所有受教育者应该具备的能力。它蕴涵着一整套解决一般问题的方法与技术。

计算思维的培养不是一蹴而就的，而是需要一个长期的过程。如果时间允许，计算思维的培养将经历熟练使用计算机、养成计算思维意识、掌握计算思维方法最终达到具备计算思维能力 4 个阶段。显然，计算思维培养的初级阶段就是熟练使用计算机，掌握计算机的基本操作。

然而在飞速发展的今天，采用这种一步一步往下走的慢节奏已经不现实了，因此在熟练掌握计算机的基本操作中，让计算思维的诸要素融入学生的能力结构中，更好地帮助学生建立计算机问题求解意识已经成为计算思维培养的主渠道。

1.1.2　计算机的产生与发展

1．计算机的产生

现代计算机的产生经历了手动计算器（算筹和算盘）、机械式计算机两个阶段。

第二次世界大战爆发后，英、德、美等国的军事科学技术对高速计算工具的需求极为迫切。于是开始投入进行计算机的开发与研制工作。

由美国宾夕法尼亚大学电子工程系教授约翰·莫克利（John Mauchly）和工程师珀瑞斯勃·埃克特（J. Presper Eckert）为首的数十个技术人员和数学家以及物理学家，经过近 3 年的努力，于 1946 年 2 月成功研制出世界上公认的第一台数字式电子计算机 ENIAC（Electronic Numerical Integrator And Calculator，电子数字积分机和计算机），如图 1-1 所示。它是一个庞然大物，其长约 100 英尺、宽为 3 英尺，重约 30 吨。由近 18 800 个电子管、1500 个继电器、70 000 只电阻以及其他电子元件组成，耗电量达到惊人的 150 千瓦，每秒可以进行 5000 次加减运算。其运算速度相当于手工计算的 20 万倍，令人赞叹。它的问世标志着计算机时代的到来。

图 1-1　世界上第一台电子计算机——ENIAC

ENIAC 被广泛认为是世界上第一台现实的电子计算机，美国人也一直以这一点为骄傲。然而实际上，由著名的英国数学家图灵帮助设计的电子计算机 COLOSSUS 才是世界上第一台电子计算机，这台计算机于 1943 年投入使用，并帮助英国政府破译截获密电。考虑到它在保密战线上的巨大作用，英国政府将它作为军事机密，一直密而不发。但不论谁是世界上第一台电子计算机，它们的出现以及科学家们卓越的研究都改变了这个世界。

2．计算机的发展

以 ENIAC 为契机，计算机科学开始产生并迅速发展起来。然而在对 ENIAC 的使用和进一步研制过程中，研制人员对 ENIAC 开始越来越不满意，主要体现在三个方面：一是电子管数目太多，耗电量过大；二是没有存储器，不能进行数据的存储；三是用布线接板进行控制，电路连线烦琐、耗时，要用几小时甚至几天时间，极大地影响了 ENIAC 的计算速度。为了克服这些不足，研制人员开始进入新的研究。1944 年 7 月，ENIAC 项目组的一个研究人员冯·诺依曼来到了普林斯顿高等研究院（Institute for Advanced Study，IAS），参与了一个研制力图超越 ENIAC 的新机型 EDVAC 的方案研制工作。在 1945 年 6 月这位美籍匈牙利数学家归纳了 EDVAC 的原理。

① 在计算机中设置存储器。

② 计算机的程序和程序运行所需要的数据以二进制形式存放在计算机的存储器中。

③ 计算机执行程序时，无需人工干预，能自动、连续地执行程序，并得到预期的结果。

这些原理奠定了现代计算机的基本结构思想，即计算机系统由运算器、控制器、存储器、输入设备和输出设备五大部件组成。到目前为止，绝大多数计算机都采用这一体系结构，即冯·诺依曼式计算机体系结构。由于他的巨大贡献，冯·诺依曼也被誉为"现代电子计算机之父"。

计算机的发展根据电子元器件的不同可以分为 4 代，如表 1-1 所示。

表 1-1　计算机的发展阶段

发展阶段	主机电子器件	内存	处理速度（每秒指令数）	特　　点
第一阶段 （1946～1959）	电子管	汞延迟线	几千条	无操作系统；无外存；使用机器语言编程
第二阶段 （1959～1964）	晶体管	磁芯存储器	几万至几十万条	出现磁带外存；开始出现初级的操作系统；出现了高级程序设计语言 BASIC、FORTRAN 等
第三阶段 （1964～1972）	中小规模集成电路	半导体存储器	几十万至几百万条	体积、重量、功耗进一步下降；产生了结构化程序设计思想
第四阶段 （1972 至今）	大规模、超大规模集成电路	半导体存储器	上千万至万亿条	开始使用光盘；操作系统向虚拟操作系统发展；数据库管理系统不断完善

1.1.3　计算机的特点、用途和分类

计算机是当今社会最先进的解决问题的工具。它能够按照程序中的指令，对输入的数据进行加工存储、处理或传送，最终获得期望的结果。现代社会通过利用计算机帮助人类工作，从而提高工作效率和社会生产率，利用计算机的相应软件以及网络来改善人们的生活质量。计算机之所以具有如此强大的功能，能够应用到各行各业，是由它的特点所决定的。

1．计算机的特点

计算机主要具有以下一些特点。

（1）运算速度快

计算机工作速度之快令人惊讶，它以毫微秒甚至微微秒为单位，通过电子流动进行计算和处理。而电子速度和光速几乎一样。目前世界上已经有超过每秒千万亿次运算速度的计算机。

（2）计算精度高

计算机的精度一般可以达到几十位、几万位有效数字的精度。这是一般计算工具所无法比拟的。1949 年，世界上第一台电子计算机 ENIAC 将圆周率 π 计算到小数点后 2037 位，打破了著名数学家商克斯花了 15 年时间于 1873 年创下的小数点后 707 位的记录。

（3）准确的逻辑判断能力

计算机的逻辑判断能力是实现计算机自动化和具备人工智能的基础，是计算机基本的、重要的特点。

（4）强大的存储能力

计算机能存储大量数字、文字、图像、视频、声音等各种信息，"记忆力"大得惊人。例如，它可以很容易地"记住"一个大型图书馆的所有资料。信息一旦存入存储器，只要在这个位置上不再存放其他信息，它就会一直存在，不用担心会像人的记忆一样出现遗忘和失真的情况。

（5）自动控制能力

计算机是自动化电子装置，能自动执行存放在存储器中的程序，执行过程完全自动化，不需要人的干预，而且可以反复进行。

2．计算机的应用

计算机的产生主要是因为数值计算的需要，随着计算机的发展，当今的计算机几乎和所有学科相结合，在交通、金融、企业管理、教育、邮电、商业、娱乐等各个领域均得到了广泛的应用。

（1）科学计算

科学计算是计算机最早的应用领域。虽说计算机早已涉足管理及控制领域，并在这些领域发挥着

越来越重要的作用，但它在计算方面的应用并没有缩减。如军事、航天、气象、地震探测等，都离不开计算机的精确计算。

（2）数据处理

数据处理又叫信息处理，它属于非数值计算。通过计算机可以对大量的数据进行分类、排序、合并、统计等加工。例如，图书检索、预订机票/车票、银行业务、人事管理、财务管理、人口统计等。这是目前计算机应用最多的一个领域。

（3）过程控制

过程控制又称为实时控制，是指利用计算机对生产过程、制造过程或运行过程进行检测与控制，即通过实时监控目标物体的状态，及时调整被控对象，使被控对象能够正确地完成目标物体的生产、制造或运行，主要用于工业和军事领域。

（4）计算机辅助系统

计算机辅助系统包括计算机辅助设计（Computer Aided Design，CAD）、计算机辅助制造（Computer Aided Manufacturing，CAM）、计算机辅助教育（Computer-Assisted（Aided）Instruction，CAI）、计算机辅助技术（Computer Aided Technology/Test/Translation/Typesetting，CAT）、计算机仿真（Simulation）等。是计算机应用的一个非常广泛的领域。几乎所有过去由人进行的具有设计性质的过程都可以让计算机帮助实现部分或全部工作。

（5）网络通信

计算机技术和数字通信技术的发展和融合产生了计算机网络。通过计算机网络，把多个独立的计算机系统联系在一起，从而缩短了人们之间的距离，改变了人们的生活和工作方式。通过网络，人们足不出户通过计算机便可以预订机票、车票，可以购物；通过网络，人们还可以与远在异国他乡的亲人、朋友实时地传递信息；通过网络，人们就可以随时玩自己喜欢的游戏、欣赏异地的风光。

（6）人工智能

人工智能是用计算机模拟人类的某些智力活动。利用计算机可以进行图像和物体的识别，模拟人类的学习过程和探索过程。人工智能是计算机科学发展以来一直处于前沿的研究领域，其主要研究内容包括模式识别、专家系统、机器人等。目前，人工智能已应用于机器人、医疗诊断、故障诊断、案件侦破、经营管理、网络等诸多方面。

（7）嵌入式系统

并不是所有的计算机应用都能看到计算机这个机器设备，有时候我们只需将处理器芯片植入到相应的设备中，就能实现计算机的应用。比如大量的电子产品和工业制造系统，为了完成特定的处理任务，只要把处理器芯片嵌入其中。这些系统称为嵌入式系统。如数码相机、数码摄像机以及高档电动玩具等都使用了不同功能的处理器。

3．计算机的分类

计算机种类繁多，小到微型计算机，大到巨型计算机，应有尽有。要想明确地区分和定义计算机的类别是很困难的，因此只能从几个方面对其进行分类。

（1）按计算机处理数据的类型分类

按照处理数据的类型不同，可将计算机分为模拟计算机、数字计算机、数字和模拟计算机。

① 模拟计算机。

模拟计算机所处理的数据是连续的，称为模拟量。模拟量以电信号的幅值来模拟数值或某物理量的大小，如电流、电压、温度等都是模拟量。所接收的模拟数据经过处理后，仍以连续的数据输出，这种计算机称为模拟计算机。模拟计算机由于受元器件质量影响，其计算精度较低，应用范围较窄，目前已很少生产。

② 数字计算机。

数字计算机所处理的数据都是以 0 和 1 表示的二进制数字，是不连续的数字量，处理结果仍以数字形式输出。其主要特点是精度高、存储量大。目前常用的计算机大多都是数字计算机。

③ 数字和模拟计算机。

数字和模拟计算机就是集数字计算机和模拟计算机的优点于一身的计算机。

（2）按计算机的用途分类

按计算机的用途可将计算机分为通用计算机和专用计算机。

① 通用计算机。

通用计算机能解决多种类型的问题，具有通用性强、配置全、用途广等特点，是目前家庭和单位广泛使用的计算机。

② 专用计算机。

专用计算机是专门为某种需求而研制的，配备有解决特定问题的软件和硬件，如在导弹和火箭上使用的计算机大部分都是专用计算机。

（3）按计算机的性能分类

按计算机的性能、规模和处理能力，可将计算机分为巨型机、大型机、微型计算机、工作站及服务器等。

① 巨型机。

巨型机是指目前速度最快、处理能力最强、价格最贵的计算机，称为超级计算机。一般用于军事上的战略防御系统、大型预警系统、航天测控系统等领域；在民用方面，可用于大区域中长期的天气预报、大面积物探信息处理系统、大型科学计算和模拟系统等。

② 大型机。

大型机是对一类计算机的习惯称呼，通常使用多处理结构。其特点是通用性强，具有较高的运算速度、极强的综合处理能力和极大的性能覆盖，主要应用在科研、商业和管理部门。

③ 微型机。

微型机是微电子技术飞速发展的产物，自 IBM 公司于 1981 年采用 Intel 的微处理器推出 IBM PC以来，微型机因其小、巧、轻、使用方便、价格便宜等优点得到迅速的发展，成为计算机的主流。

④ 工作站。

工作站是一种高档的微型计算机，它比微型机具有更大的存储容量和更快的运算速度。通常有高分辨率的大屏幕显示器及容量很大的内部存储器和外部存储器，并且具有较强的信息处理功能和高性能的图形、图像处理功能以及联网功能。工作站主要用于图像处理和计算机辅助设计等领域。

⑤ 服务器。

服务器通过网络对外提供服务。服务器作为网络的节点，存储、处理网络上大部分的数据和信息。

1.1.4　计算机热点技术

最初的计算机只是为了大数据量计算的需要，而当今的计算机远远超出了"计算的机器"这样狭义的概念，利用计算机可以写、说、听、看等，这都得益于计算机应用技术的发展。目前常用的计算机应用技术有中间件技术、网格计算、云计算和大数据。

1. 中间件技术

中间件是位于操作系统和应用软件之间的系统软件，其作用是向各种应用程序提供服务，使不同的应用进程能在不同平台下通过网络相互通信。在中间件诞生之前，企业主要采用传统的客户机/服务器（Client/Server）的模式，即一台计算机作为客户机，运行应用程序，另外一台计算机作为服务器，运行服务软件，以提供各种不同的服务。这种模式的缺点是系统拓展性差。到了 20 世纪 90 年代初，出现了一种新的思想：在客户机和服务器之间增加了一组服务，这组服务（应用服务器）就是中间件，如图 1-2 所示。这些组件是通用的，基于某一标准，它们可以被重用，其他应用程序可以使用它们提供的应用程序接口调用组件，完成所需的操作。

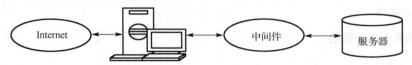

图 1-2　中间件所处的位置及作用

2. 网格计算

网格计算是利用互联网，把分散在不同地理位置的计算机组织成一个"虚拟的超级计算机"，其中每台参与计算的计算机就是一个"节点"，而整个计算是由成千上万个"节点"组成的"一张网格"。这样组织起来的"虚拟的超级计算机"有两个优势：一是数据处理能力超强；二是能充分利用网上的闲置处理能力。

3. 云计算

云计算是分布式计算、网格计算、并行计算、网络存储及虚拟化计算机和网络技术发展融合的产物，或者说是它们的商业实现。通常涉及通过互联网来提供动态易扩展且经常是虚拟化的资源。云是网络、互联网的一种比喻说法。美国国家技术与标准局给出的定义是：云计算是对基于网络的、可配置的共享计算资源池，是一种能够方便地、按需访问的模式。这些共享计算资源池包括网络、服务器、存储、应用和服务等资源，这些资源以最小化的管理和交互，可快速提供和释放。

利用云计算时，数据在云端，不怕丢失、不必备份、可以进行任意点的恢复；软件在云端，不必下载就可以自动升级；在任何时间、任意地点、任何设备登录后就可以进行计算服务。

4. 大数据

大数据是指所涉及的信息量规模巨大、数据维度较多，无法通过传统软件工具在合理的时间内进行管理、处理的数据集。

1.1.5　未来计算机的发展趋势

1. 计算机的发展方向

（1）巨型化

巨型化是指计算速度更快、存储容量更大、功能更完善、可靠性更高的计算机。它的运算能力一般在每秒百万亿次以上，有些可达每秒千万亿次，存储容量在几百太字节（TB）以上。巨型机的发展体现了计算机科学技术的发展水平，主要应用于尖端科学技术和军事国防系统的研究开发。

（2）微型化

微型化是指体积更小、功能更强、价格更便宜、应用范围更广的微型计算机。随着微电子技术的进一步发展，微型计算机已经开始渗透到家电、导弹弹头、仪表等领域。

（3）网络化

网络化指利用现代通信技术和计算机技术，把分布在不同地点的计算机相互连接起来，按照网络协议互相通信，以共享软件、硬件和数据资源。目前，计算机网络在交通、金融、企业管理、教育、邮电、商业等各行各业中得到使用。

（4）智能化

智能化指计算机具有模拟人的感觉和思维过程的能力，这类计算机被称为智能计算机。它是计算机发展的一个重要方向。智能计算机具有解决问题和逻辑推理的功能，以及知识处理和知识库管理等功能。其研究领域包括模式识别、图像识别、专家系统、学习系统等。目前已研制出可以代替人从事危险环境劳动的机器人。

2. 未来的新一代计算机

（1）模糊计算机

日常生活中常碰到诸如最近身体还将就、走快一点、休息一下等说法，其中"将就"、"一点"、"一下"等都是不精确、含糊的说法，这就是模糊的概念。用这种模糊的、不确切的判断进行工程处理的计算机就是模糊计算机。模糊计算机除具有一般计算机的功能外，还具有学习、思考、判断和对话的能力，可以立即辨识外界物体的形状和特征，甚至可帮助人从事复杂的脑力劳动。

模糊计算机最早应用在日本，日本科学家把模糊计算机应用在地铁管理上。利用模糊计算机在判断行车情况时的错误几乎比人要少70%。1990年，日本松下公司把模糊计算机装在洗衣机里，能根据衣服的肮脏程度、衣服的质地来调节洗衣程序。有些吸尘器厂家把模糊计算机装在吸尘器里，使得吸尘器可以根据灰尘量以及地毯的厚实程度调整吸尘器的功率以及是否该充电判断。此外，模糊计算机还能用于地震灾情判断、疾病医疗诊断、发酵工程控制、海空导航巡视等多个方面。

（2）生物计算机

生物计算机是微电子技术和生物工程这两项高科技结合后提出的发展方向。生物计算机是以核酸分子作为"数据"，以生物酶及生物操作作为信息处理工具的一种新颖的计算机模型。主要原材料是生物工程技术产生的蛋白质分子，并以此作为生物芯片来替代半导体硅片，利用有机化合物存储数据。信息以波的形式传播，当波沿着蛋白质分子链传播时，会引起蛋白质分子链中单键、双键结构顺序的变化。运算速度要比当今最新一代计算机快10万倍，它具有很强的抗电磁干扰能力，并能彻底消除电路间的干扰。能量消耗仅相当于普通计算机的十亿分之一，且具有巨大的存储能力。生物计算机具有生物体的一些特点，如能发挥生物本身的调节机能，自动修复芯片上发生的故障，还能模仿人脑的机制等。

尽管生物计算机尚未取得重大颠覆性的进展，甚至部分学者提出生物计算机目前出现的一系列缺点，例如遗传物质的生物计算机受外界环境因素的干扰、计算结果无法检测、生物化学反应无法保证成功率等，此外，在以蛋白质分子为主的芯片上很难运行文本编辑器。但这些并不影响生物计算机这个存在巨大诱惑的领域的快速发展，随着人类技术的不断进步，这些问题终究会被解决。

（3）光子计算机

光子计算机是一种由光信号进行数字运算、逻辑操作、信息存储和处理的新型计算机。它由激光器、光学反射镜、透镜、滤波器等光学元件和设备构成，靠激光束进入反射镜和透镜组成的阵列进行信息处理，以光子代替电子，以光运算代替电运算。光的并行和高速，天然地决定了光子计算机的并行处理能力很强，具有超高的运算速度。光子计算机还具有与人脑相似的容错性，系统中某一元件损坏或出错时，并不影响最终的计算结果。光子在光介质中传输所造成的信息畸变和失真极小，光传输、转换时能量消耗和散发热量极低，对使用环境条件的要求比电子计算机低得多。1990年1月底，贝尔实验室研制出第一台光子计算机，尽管它的装置很粗糙，但却标志着光子计算机的成功。

目前，许多国家都投入巨资进行光子计算机的研究。随着现代光学与计算机技术、微电子技术相结合，在不久的将来，光子计算机将成为人类普遍的工具。

（4）量子计算机

量子计算机的目的是为了解决计算机中的能耗问题。量子计算机是一种全新的基于量子理论的计算机，遵循量子力学规律进行高速数学和逻辑运算、存储及处理量子信息的物理装置。量子计算机的概念源于对可逆计算机的研究。量子计算机应用的是量子比特，可以同时处在多个状态，而不像传统计算机那样只能处于 0 或 1 的二进制状态。

1.2　信息在计算机内部的表示与存储

1.2.1　信息的概念

1. 信息的含义

信息已经成为当今社会一个最基本、最重要的概念，信息无处不在，我们就生活在一个千变万化的信息世界里。那么什么是信息?不同的人站在不同的角度对信息给出了不同的定义。

信息（Information）就是指以声音、语言、文字、图像、动画、气味等方式所表示的实际内容；信息是对客观世界中各种事物的变化和特征的反映，是客观事物之间相互作用和联系的表征，是客观事物经过感知或认识后的再现。

信息是指数据、信号中所包含的消息。电视上有重大新闻的消息，报纸上有足球比赛的消息，气象台每天给我们传送气象消息，这些消息都是信息。

信息是事物的运动状态和关于运动状态的描述。世界上的万事万物都在不停地运动、变化，事物的运动变化发展都会产生信息。信息既是世界各种事物的特征和事物运动变化的反映，又是事物之间相互作用和联系的表示。

信息通常被理解为客观存在的事物。声音、语言、文字、图像、气味等所表示的实际内容就是信息。信息是我们生活中的重要内容，信息促使人们更新知识并不断认识、探索自然界运动的客观规律。

2. 信息的特征

（1）信息必须通过载体呈现

"暴风雨就要来了"这一信息是通过雷声和乌云等载体来实现的。信息的载体可以是声音、语言、图像以及纸张、胶片、磁带、磁盘、光盘等。信息的表示、传递、存储不能脱离载体。

（2）信息是可以加工和处理的

例如，中央气象局每天都要对从卫星传送下来的大量数据信息进行分析和处理，各气象局再根据处理结果预报未来 24 小时、48 小时等阶段的天气情况。经过加工、处理和提炼后的信息具有了更高的使用价值。

（3）信息是可以传递和共享的

该过程不会像能源那样产生消耗。例如，图书馆中的图书，人人都可以借来阅读，并不会因某人阅读了图书而导致图书信息的丢失。所以信息共享性的特点与能源相比，就有很大的不同，能源一旦被人占有，其他人就得不到了。

（4）信息具有时效性

从信息利用角度上，人们需要的是最新的、有用的信息。比如，当用户要装修房子需要买地板砖之前，必须要查看最近地板砖的生产厂家、相应质量以及最新报价。由于物价随时间波动变化很大，如果我们用几个月以前的报价获取相关的价格信息就没有实际意义了。

为此，我们必须练就信息识别能力，能够判定哪些是最新的信息，哪些是过期的信息。

1.2.2　信息的表示与编码

信息本身是看不见摸不着的，但是它的内容可以用一定的方式表示出来。人们通常把用来表示信息的符号组合叫做信息编码。例如，我国公民的身份证号码由 18 位数字或前 17 位为数字、第 18 位为字符组成，前 6 位数字用来描述居民户籍所在的省、市、地区信息，接下来的 8 位是该公民的出生年月信息，最后 4 位是序号及校验码。

信息在计算机中是按照一定的规则进行编码表示的，即用 0 和 1 表示的二进制代码（机器代码）才能被电子计算机识别和理解。不管是一幅精美的图片、一首动听的音乐、一段精彩的视频动画，还是普通的字符、汉字，在计算机内部都是由 0 和 1 两个二进制编码组成的。在使用计算机进行信息处理时，首先要对信息进行编码。如文字、声音、图像和视频等，这些信息只有采取数字化编码后，才能提供给计算机进行存储、传送、加工处理等操作。为了更好地描述和表示信息，我们要熟悉以下相关知识。

1．计算机中表示信息的单位

（1）位（Bit）

计算机中最小的数据单位是二进制的一个数位，简称为位（或称比特）。如 1001 为 4 位二进制数，而 10001001 为 8 位二进制数。一个二进制位可表示两种状态（0 或 1），两个二进制位表示 4 种状态（00、01、10、11），位数越多，所表示的状态也就越多。

（2）字节（Byte）

人们将 8 位二进制数称为一个字节（简称 B，1B = 8bit），计算机中存储信息都是以字节为基本单位的。常见的单位是 kB、MB、GB，它们的换算关系如下：

$1kB = 2^{10}B = 1024B$

$1MB = 2^{10}kB = 1024kB = 1024 \times 1024B$

$1GB = 2^{10}MB = 1024MB = 1024 \times 1024kB = 1024 \times 1024 \times 1024B$

2．数制

所谓进制，简单地说就是逢几进一的问题。我们日常学习和生活中常用的进制是十进制，也就是逢 10 进 1。但在计算机中加工处理、存储的数据都采用二进制数。

中国有个成语"半斤八两"，这里面就隐藏了一个数制的问题：过去我国曾采用十六进制计量，也就是说 16 两为 1 斤。我们在日常生活中还经常遇到一些其他的进制，如时间上用的是六十进制（1 小时等于 60 分钟），十二进制（1 年有 12 个月）。

（1）常用数制

① 十进制。

十进制数由 0，1，2，3，4，5，6，7，8，9 十个数码组成，基数为 10，计数时是按逢十进一的规则进行。一个十进制数可以写成以 10 为基数按权展开的形式。

【例 1.1】　$6134.29 = 6 \times 10^3 + 1 \times 10^2 + 3 \times 10^1 + 4 \times 10^0 + 2 \times 10^{-1} + 9 \times 10^{-2}$

式中，10^3、10^2、10^1、10^0、10^{-1}、10^{-2} 称为权，式中某一位置上的数字（0，1，2，…，8，9）与权相乘的积表示该位置数值的大小。

② 二进制数。

由于使用电子元器件表示两种物理状态（电压的高和低，开关的开和关）容易实现，因此二进制数的运算规则简单，并且数理逻辑小的"真"和"假"可用"1"和"0"来表示，所以计算机中使用二进制数表示信息和进行运算。

二进制数由 0 和 1 两个数码字符组成，基数为 2，计算时按逢二进一的规则进行运算。一个二进制数可以写成以 2 为基数按权展开的形式。

【例1.2】 $(10100.11)_2 = 1 \times 2^4 + 0 \times 2^3 + 1 \times 2^2 + 0 \times 2^1 + 0 \times 2^0 + 1 \times 2^{-1} + 1 \times 2^{-2}$

式中，左边第一个数字 1 的权是 2^4，右边最后一个数字 1 的权是 2^{-2}。

③ 八进制数。

由于二进制数位数较长，不便记忆．而八进制数与二进制数转换方便并且位数较少，所以有时用八进制数表示二进制数。

八进制数由 0，1，2，3，4，5，6，7 八个数码字符组成，基数为 8，计数时按逢八进一的规则进行运算。一个八进制数可以写成以 8 为基数按权展开的形式。

【例1.3】 $(1461.27)_8 = 1 \times 8^3 + 4 \times 8^2 + 6 \times 8^1 + 1 \times 8^0 + 2 \times 8^{-1} + 7 \times 8^{-2}$

式中，数字 4 的权是 8^2，数字 2 的权是 8^{-1}。

④ 十六进制数。

十六进制应用也是非常广泛的一种计数制。由于十六进制数可以表示更多位的二进制数，所以十六进制是二进制数的一种更加紧凑的一种表示方法。

十六进制数由 0，1，2，3，4．5，6，7，8，9，A，B，C，D，E，F 十六个数码字符组成，基数为 16，计数时按逢十六进一的规则进行运算。一个十六进制数可以写成以 16 为基数按权展开的形式。

【例1.4】 $(1A3F.C7)_{16} = 1 \times 16^3 + A \times 16^2 + 3 \times 16^1 + F \times 16^0 + C \times 16^{-1} + 7 \times 16^{-2}$

式中，数字 A 的权是 16^2，数字 C 的权是 16^{-1}。

（2）常用数制的转换

① 十进制数与二进制数的转换。

十进制数转换成二进制数时，整数部分和小数部分分别进行转换，然后把整数部分和小数部分拼接起来形成一个二进制数。

整数部分的转换方法是：

a. 十进制数除以 2，得到商和余数（0 或 1）；

b. 再用该商除以 2，又得到商和余数；

c. 重复步骤 b，直到商是 0 为止；

d. 把第一次得到的余数作为二进制数的最低位，最后一次得到的余数作为二进制数的最高位。

【例1.5】 把十进制数 83 转换成二进制数。

将十进制整数转成二进制整数的方法：除 2 求余，反向取。

同理：要将十进制整数转为其他进制整数的方式，只需除以其他进制的基数，取得其余数，反向取即可。

小数部分转换成二进制数的方法是：

a. 把十进制数小数乘以 2，得到积，提取积的整数部分（1 或 0）；

b. 再用所得积的小数部分乘以 2，得到积，提取积的整数部分；

c. 重复步骤 b，直至小数部分变为 0；

d. 乘以 2 过程中提取的各个整数部分组成转换后的二进制小数。权的确定原则是最先提出的整数（0 或 1）是二进制小数的最高位。

十进制小数转换成二进制小数时，可能出现二进制小数位数较多的情况。这种情况下一般根据需要保留小数点后若干位，其余位舍弃不要。

将十进制小数转成二进制小数的方法：乘二取整，正向取。

同理：要将十进制小数转为其他进制小数的方式，只需乘以其他进制的基数，取得其整数部分，正向取即可。

反之：二进制数转换成十进制数时采用对二进制数各位按权展开求和的方法。

【例 1.6】 $(111000.101)_2$

$$=1\times2^5+1\times2^4+1\times2^3+0\times2^2+0\times2^1+0\times2^0+1\times2^{-1}+0\times2^{-2}+1\times2^{-3}$$

$$=32+16+8+0+0+0+0.5+0+0.125$$

$$=56.625$$

② 二进制数和八进制数的相互转换。

用三位的二进制数表示一位的八进制数，按此规则便可进行二进制数与八进制数的相互转换。

二进制数转换成八进制数的规则为"三位换一位"。以小数点为基准，整数部分从右向左，每三位为一组，最高位不足三位时，添"0"补足三位，小数部分从左向右，每三位为一组，最低有效位不足三位时，添"0"补足三位。然后将每组的三位二进制数转换成对应的一位八进制数，按顺序连接起来即可。

【例 1.7】 将二进制数 1110111.10011 转换成八进制数。

001110111.100110

↓ ↓ ↓ . ↓ ↓

1 6 7 . 4 6

计算结果为：$(1110111.10011)_2 = (167.46)_8$。

八进制数转换成二进制数的法则为"一位换三位"。即将每个一位的八进制数用对应的一组三位的二进制数表示，然后按顺序连接起来即可。

③ 二进制数和十六进制数的相互转换。

用一个四位的二进制数表示一个一位的十六进制数，方法同"二进制数和八进制数相互转换"。

练习：将十六进制数 AC16.D 转成二进制数。

各种常用数据转换对照表见表 1-2。

表 1-2   常用数制对照表

十进制	二进制	八进制	十六进制	十进制	二进制	八进制	十六进制
0	0	0	0	8	1000	10	8
1	1	1	1	9	1001	11	9
2	10	2	2	10	1010	12	A
3	11	3	3	11	1011	13	B
4	100	4	4	12	1100	14	C
5	101	5	5	13	1101	15	D
6	110	6	6	14	1110	16	E
7	111	7	7	15	1111	17	F

1.2.3 信息的编码

计算机除了要处理数值类型的数据外，还要处理各种非数值类型的数据，如英文字母、汉字等。为了能让计算机存储、处理这些数据，需要对它们进行编码。

1. ASCII 码

在计算机中，字符的存储和通信普遍采用 ASCII 码（American Standard Code for Information Interchange，美国标准信息交换代码），用 ASCII 码表示的字符称作 ASCII 字符。标准 ASCII 码用 7 位二进制数进行编码，可表示 128 个字符（见表 1-3），包括数码符号、大小写英文字母、标点和运算符号、控制符。

表 1-3 7 位 ASCII 字符编码表

低 4 位 ＼ 高 3 位	000	001	010	011	100	101	110	111
0000	NULL	DLE	SP	0	@	P	`	p
0001	SOH	DC1	!	1	A	Q	a	q
0010	STX	DC2	"	2	B	R	b	r
0011	ETX	DC3	#	3	C	S	c	s
0100	EOT	DC4	$	4	D	T	d	t
0101	ENQ	NAK	%	5	E	U	e	u
0110	ACK	SYN	&	6	F	V	f	v
0111	BEL	ETB	,	7	G	W	g	w
1000	BS	CAN	(	8	H	X	h	x
1001	HT	EM	)	9	I	Y	i	y
1010	LF	SUB	*	:	J	Z	j	z
1011	VT	ESC	+	;	K	[	k	{
1100	FF	FS	,	<	L	\	l	⊥
1101	CR	GS	-	=	M	]	m	}
1110	SO	RS	.	>	N	^	n	~
1111	SI	US	/	?	O	_	o	DEL

若要确定一个字符的 ASCII 码，可先在表中查出其位置，然后确定其所在位置对应的列和行。根据列确定所查字符的高 3 位编码，根据行确定所查字符的低 4 位编码，最后将高 3 位编码与低 4 位编码组合在一起，即为所查字符的 ASCII 码。

例如，字符"A"的 ASCII 码高 3 位是 100，低 4 位是 0001，则用 7 位二进制编码表示为 1000001（用十进制表示为 65D，用十六进制表示为 41H）。

为了表达更多的信息，新版本的 ASCII 码采用 8 位二进制编码表示，可表示 256 个字符。最高位为 0 的 ASCII 码（即为前面所述 7 位 ASCII 码）称作标准 ASCII 码；最高位为 1 的 128 个 ASCII 码（表示数的范围为 128～255）称作扩充的 ASCII 码。

2. 汉字编码

汉字是世界上最庞大的字符集，在计算机中使用汉字必须解决汉字的输入、输出以及汉字处理等问题。由于汉字与西文字符结构不同，并且数量多，所以汉字有自己独特的编码方法。在汉字输入、处理、存储和输出的不同过程中，所使用的汉字编码不相同，归纳起来主要有汉字输入码、汉字交换码、汉字机内码和汉字字形码等编码形式。

① 汉字输入码是为了用键盘将汉字输入到计算机中，根据汉字的音、形、义等各种属性编制的代码，又称为外码。目前，汉字的输入编码很多，归纳起来主要有数字码、字音码、字形码和音形结合码等。

② 汉字交换码是一种用于汉字信息处理系统之间，或者信息处理系统与通信系统之间进行汉字信息交换的代码。目前我国国内计算机系统所采用的标准信息处理交换码是根据有关国际标准制定的汉字国标码。1981 年，国家标准局颁布了《信息交换用汉字编码字符集（基本集）》，简称 GB2312—80。GB2312—80 共收集汉字、字母、图形等字符 7445 个，其中汉字 6763 个（常用的一级汉字 3755 个，按汉语拼音字母顺序排列；二级汉字 3008 个；按部首顺序排列），此外，还包括一般符号、数字、拉丁字母、希腊字母、汉语拼音字母等。

③ 汉字机内码是指在计算机内部进行存储、传递和运算所使用的统一机内代码，又称为内码。机内码是将二进制的国标码的每个字节的最高位分别置 1 而得到的。例如，汉字"啊"的国标码是 3021H，则其机内码是 B0A1H。

区位码、国标码、机内码的转换关系如下：

国标码 = 区位码（十六进制数）+ 2020H

机内码 = 国标码 + 8080H = 区位码（十六进制数）+ A0A0H

④ 汉字字形码：在计算机系统中，要显示或打印的字符、汉字大多由点阵式的字模组成，就是将汉字像图像一样置于网状方格上，每格是存储器中的一位。16×16 点阵（见图 1-3）就是在纵向 16 点、横向 16 点的网状方格上写一个汉字，有笔画的格对应 1，无笔画的格对应 0。字模是描述其形态的点阵集合。

图 1-3　汉字"我"的字形点阵

汉字字形通常分为通用型和精密型两大类。通用型汉字字型阵分为 3 种：简易型（16×16 点阵），普通型（24×24 点阵），提高型（32×32 点阵）。精密型汉字字形点阵一般在 48×48 点阵以上，多用于常规的印刷排版。为了使计算机能识别和存储字模，就必须对字模进行数字化，把字模中的每一个点都用一位二进制数表示，这种数字化的字模点阵代码又称为字形码。

已知汉字点阵的大小，可以计算出存储一个汉字所需占用的字节空间。

例如：用 16×16 点阵表示一个汉字，就是将每个汉字用 16 行、每行 16 个点表示，一个点需要 1 位二进制代码，16 个点需用 16 位二进制代码（即 2 字节），共 16 行，所以需要 16 行×2 字节/行=32 字节，即 16×16 点阵表示一个汉字，字形码需用 32 字节。

即：字节数=点阵行数×(点阵列数/8)。

所有汉字字形码的集合形成汉字字库，以文件形式存放在外部存储设备中的称作软字库。

1.3　微型计算机系统

无论是哪种类别的计算机，系统组成是一致的，都是由计算机的硬件系统和软件系统组成。如图 1-4 所示。

1.3.1　微型计算机硬件系统

我们将计算机看得见、摸得着的硬梆梆的部分称为硬件部分，它是计算机的物质基础。随着计算机的发展，出现了多种不同类别、不同用途的计算机，但它们的基本结构都遵循冯·诺依曼型体系结构，即计算机由运算器、控制器、存储器、输入设备和输出设备五大部件组成，如图 1-5 所示。

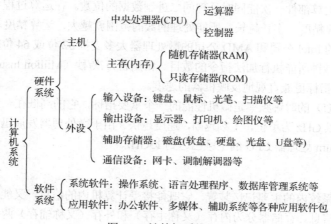

图 1-4　计算机系统组成

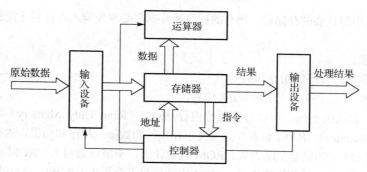

图 1-5　计算机硬件组成及工作流程

1. 中央处理器（Central Processing Unit，CPU）

中央处理器是计算机硬件系统的核心部件，它顺序地执行存储器中的指令，进行具体的控制和运算。它主要由控制器和运算器组成。

（1）控制器

控制器是对计算机进行总体控制的部件，它读取并解释程序指令，对各部件的信号进行相互传送。控制器指挥着全机各个部件自动、协调地工作。

控制器的基本功能是根据指令计数器中指定的地址从内存取出一条指令，对其操作码进行译码，再由操作控制部件有序地控制各部件完成操作码规定的功能。控制器也记录操作中各部件的状态，使计算机能有条不紊地自动完成程序规定的任务。

（2）运算器

运算器是进行算术运算及逻辑运算的部件，也称为算术逻辑部件（Arithmetical Logic Unit，ALU）。所谓算术运算，就是数的加、减、乘、除以及乘方、开方等数学运算。而逻辑运算则是指逻辑变量之间的运算，即通过与、或、非等基本操作对二进制数进行逻辑判断。

由于在计算机内，各种运算均可归结为相加和移位这两个基本操作，所以运算器的核心是加法器。当运算器在控制器的作用下，接收到从内存传送过来的数据并进行运算后，常常需要将操作结果暂时存放，为了不影响操作速度，运算器还需要若干个寄存数据的寄存器。若一个寄存器既保存本次运算的结果而又参与下次的运算，它的内容就是多次累加的和，这样的寄存器又称为累加器。

影响运算器速度的有两个重要指标，一个是机器字长，一个是运算速度。

字长是指计算机运算部件一次能同时处理的二进制数据的位数。在运算过程中，计算机的字长大小决定了计算机的运算精度，字长越长，所能处理的数的范围就越大，运算精度就越高，处理速度就越快。目前普遍使用的 Intel 公司和 AMD 公司的微处理器大多支持 32 位或 64 位字长。

运算速度是指每秒钟所能执行加法指令的数目。常用百万次/秒（Million Instructions Per Second，MIPS）来表示。这个指标更能直观地反映机器的速度。

中央处理器（CPU）的时钟频率是微机性能的一个重要指标，它的高低在一定程度上决定了计算机速度的高低。主频以 GHz 为单位，主频越高，速度越快。由于微处理器发展迅速，微机的主频也在不断提高。目前 Pentium 处理器 CPU 的主频已达到 15GHz。

2．存储器

存储器是计算机系统内的主要记忆装置，它既能接受计算机内的信息，又能保存信息，还可以根据指令读取已保存的信息。存储器分为内存（又称主存）和外存（又称辅存）两大类。

（1）内存

内存是计算机中最重要的存储器，所有的程序和数据都必须先调入内存后才能使用。它具有以下特点：

① 存取速度快。

② 只存储当前运行程序的指令和数据。

③ 直接与 CPU 相连，负责与 CPU 交换信息。

内存按其工作方式的不同，可以分为只读内存 ROM（Read Only Memory）和随机内存 RAM（Random Access Memory）。RAM 负责存储当前正在执行的数据、程序和结果，内存容量小，存取速度快，但断电后 RAM 中的信息全部丢失。ROM 只能读出，不能随意写入。ROM 中的信息是由厂家制造时用特殊方法写入的，计算机断电后，ROM 中的信息不会丢失，ROM 一般存放计算机启动的引导程序、启动后的检测程序、系统最基本的输入/输出程序、时钟控制程序以及计算机的系统配置等重要信息。

（2）外存储器

外存储器是用来存放大量的数据文件和程序文件的存储设备，它可以长期保存信息。外存容量大，存取速度慢，断电后所保存的信息不会丢失。计算机之所以能够反复执行程序或数据，就是由于有外存储器的存在。常用的外储存器有硬盘、光盘和 U 盘等。

① 硬盘。

硬盘是微型机上最重要的外部存储设备。它是由主轴、磁盘片、磁头、读写控制电路和驱动部件组成的。盘片被安装在一个同心轴上，每个盘片有上下两个盘面，每个盘面被划分为磁道和扇区。磁盘的读写物理单位是按扇区进行读写，其内部结构如图 1-6 所示。硬盘具有容量大、存取速度快等优点，操作系统、可运行的程序文件和用户的数据文件一般都保存在硬盘上。

通常情况下，硬盘安装在计算机的主机箱内，所以它的读写速度是所有外存器中最快的。

② U 盘。

U 盘全称为 USB 闪存盘。它是一种具有 USB 接口无需启动装置的微型大容量移动存储器，如图 1-7 所示。U 盘通过 USB 接口即插即用，使用非常方便。其最大优点是小巧、轻便、价格低廉、存储量大、抗震性强、防潮防磁、耐高低温、性能可靠。目前市面上的 U 盘容量大多在 8GB、16GB、32GB，有些甚至高达 64GB。

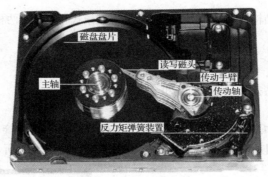

图 1-6　硬盘内部结构图

（图 1-7 区域）

图 1-7　U 盘

③ 光盘。

光盘是以光信息作为存储物的载体来存储数据的。随着 20 世纪 70 年代光盘的出现，由于其成本低、寿命长且容量较大，很快走入人们的生活和工作中。目前随着 U 盘的普及，光盘逐渐开始走出人们的视线。

目前市面上的光盘主要有三类：只读光盘（CD-ROM）、一次性写入光盘（CD-R）和可擦写光盘（CD-RW）。如图 1-8 所示为一组光盘。

3．输入设备

计算机常用的输入设备有两个：鼠标和键盘。

（1）键盘

键盘与主机之间通过一根电缆连接，其内部有专门的微处理器和控制电路，当用户按下一个键时，其内部的控制电路产生一个代表这个键的二进制代码，然后将该代码送入 CPU，操作系统就知道用户按下了哪个键。

目前使用频率较高的是 101 键和 104 键键盘，其中较常用的是 104 键键盘，如图 1-9 所示。

图 1-8　光盘　　　　　　　　　　　　图 1-9　104 键键盘

（2）鼠标

鼠标是计算机中极为重要的输入设备，因其外形酷似老鼠而得名。用户可用通过拖动鼠标，实现光标的移动和定位。根据结构的不同，可以将鼠标分为机械式和光电式两种。目前使用最多的是光电式鼠标，如图 1-10 所示。

4．输出设备

计算机常用的输出设备是显示器和打印机。

（1）显示器

显示器是计算机系统中最常用的输出设备。它主要有 3 类：阴极射线管（CRT）、发光二极管（LED）和液晶（LCD）显示器。目前液晶显示器占据着市场的主流，如图 1-11 所示。

图 1-10　光电式鼠标　　　　　　　　　　　图 1-11　液晶显示器

（2）打印机

当信息需要输出到纸张上时，就必须使用打印机。打印机是计算机系统常用的输出设备。目前常用的打印机有：点阵式打印机、喷墨打印机和激光打印机。其中，激光打印机由于其精度高、噪声低、打印速度快而逐渐占据市场主流。

5．总线

总线是系统部件之间传送信息的公共通道，各部件由总线连接并通过它传递数据和控制信号。总线经常被比喻为"高速公路"。它包含了运算器、控制器、存储器和 I/O 部件之间进行信息交换和控制传递所需要的全部信号。按照信号的性质划分，总线一般又分为如下 3 部分。

（1）数据总线

一组用来在存储器、运算器、控制器和 I/O 部件之间传输数据信号的公共通道。负责 CPU 与主存储器和 I/O 接口进行数据传送。数据总线的位数是计算机的一个重要指标，它体现了传输数据的能力，通常与 CPU 的位数相对应。

（2）地址总线

地址总线是 CPU 向主存储器和 I/O 接口传送地址信息的公共通路。地址总线传送的是地址信息，地址是识别信息存放位置的编号，地址信息可能是存储器的地址，也可能是 I/O 接口的地址。它是自 CPU 向外传输的单向总线。

（3）控制总线

一组用来在存储器、运算器、控制器和 I/O 部件之间传输控制信号的公共通路。控制总线是 CPU 向主存储器和 I/O 接口发出命令信号的通道，又是外界向 CPU 传送状态信息的通道。

PC 的总线结构有 ISA、PCI、VESA、EISA 等，目前以 PCI 总线为主流。

6．主板

在 PC 的主机箱内有一块印刷电路板，就是主板。它是微机最基本的也是最重要的部件之一。主板一般为矩形电路板，上面安装了组成计算机的主要电路系统，一般有 BIOS 芯片、I/O 控制芯片、键盘和面板控制开关接口、指示灯插接件、扩充插槽、主板及插卡的直流电源供电接插件等元件，如图 1-12 所示。

主板采用了开放式结构。主板上大都有 6～15 个扩展插槽，供 PC 外围设备的控制卡（适配器）插接。通过更换这些插卡，可以对微机的相应子系统进行局部升级，使厂家和用户在配置机型方面有更大的灵活性。总之，主板在整个微机系统中扮演着举足轻重的角色。可以说，主板的类型和档次决定着整个微机系统的类型和档次。主板的性能影响着整个微机系统的性能。

图 1-12　主板

1.3.2　计算机软件系统

软件系统是为运行、管理和维护计算机而编制的各种程序、数据和文档的总称。用户是通过软件和计算机进行交流的。

软件系统分为系统软件和应用软件两大类。

1．系统软件

系统软件是指能控制计算机的运行，管理计算机的软件和硬件资源，并为应用软件提供支持和服务的一类软件。它主要包括操作系统、数据库管理系统、语言处理程序等。

（1）操作系统

操作系统（Operating System，OS）是最重要、最基本的系统软件。它管理计算机系统的所有软件和硬件资源，组织和协调计算机各部分的工作。除了 ROM 中的程序外，所有软件都需要操作系统的支持，它是用户与硬件之间的接口。

（2）数据库管理系统

数据库管理系统（Data Base Management System，DBMS）是一种管理和操作数据库的大型软件，用于建立、使用和维护数据库。它对数据库进行统一的管理和控制，以保证数据库安全性和完整性。常用的数据库有 MySQL、SQLServer、Sybase 和 Oracle。

（3）语言处理程序

语言处理程序一般由汇编程序、编译程序和相应的操作程序组成。其作用是将汇编程序、高级语言程序翻译成计算机能够识别的目标程序。

2．应用软件

应用软件是用户为某一特定任务而开发的软件。常用的应用软件有办公套装软件、多媒体处理软件、Internet 工具软件。

（1）办公套装软件

办公套装软件是日常办公需要的一些软件，一般包括文字处理软件、电子表格处理软件、演示文稿制作软件、个人信息管理软件等。常见的办公套装软件有微软公司的 Microsoft Office 和金山公司的 WPS 等。

（2）多媒体处理软件

多媒体技术已经成为计算机技术的一个重要方面，因此多媒体处理软件是应用软件领域中一个重要的分支。多媒体处理软件主要包括图形处理软件、图像处理软件、动画制作软件、音频视频处理软件、桌面排版软件等，如 Adobe 公司的 Illustrator、PhotoShop、Flash、Premiere 和 Page Maker，Ulead Systems 公司的绘声绘影，Quark 公司的 QuarkX-press 等。

（3）Internet 工具软件

随着计算机网络技术的发展和 Internet 的普及，涌现了许许多多基于 Internet 环境的应用软件，如 Web 服务软件、Web 浏览器、文件传送工具 FTP、远程访问工具 Telnet、下载工具 FlashGet 等。

1.4　计算机病毒与防治

从第一台计算机问世到现在，计算机已经走过了近 70 年的发展历史，它已经成为人类生活和工作的最好帮手，然而人类在离不开计算机的同时，却受到了计算机病毒的困扰，它是计算机安全的最大威胁。

自从美国最先发现计算机病毒以来，人类开始感受到计算机病毒的肆虐，它的光临，轻则降低计算机运行速度，干扰机器的正常运行；重则破坏数据使之无法恢复，甚至导致机器崩溃。因此了解计算机病毒并及时查杀极为必要。

1.4.1　计算机病毒的特征和分类

1．计算机病毒

计算机病毒实质上是一种特殊的计算机程序。这种程序具有自我复制能力，可非法入侵并隐藏在存储设备中的引导部分、可执行程序或数据文件中。当病毒被激活时，源病毒能把自身复制到其他程序体内并迅速扩散，影响和破坏程序的正常执行和数据的正确性，甚至破坏计算机系统。

什么是计算机病毒呢？在此沿用《中华人民共和国计算机信息系统安全保护条例》中对计算机病毒的定义，"计算机病毒，是指编制或者在计算机程序中插入的破坏计算机功能或者破坏数据，影响计算机使用并且能够自我复制的一组计算机指令或者程序代码"。

计算机病毒一般具有寄生性、破坏性、传染性、潜伏性和隐蔽性的特征。

（1）寄生性

它是一种特殊的寄生程序。不是一个通常意义下的完整的计算机程序，而是寄生在其他可执行的程序中，因此它能享有被寄生的程序所能得到的一切权利。

（2）破坏性

其破坏性表现在占有 CPU 的时间和内存开销，从而造成进程堵塞；对数据或文件进行破坏，造成数据或文件无法恢复；甚至格式化整个磁盘，给用户造成极大的损失。

（3）传染性

传染性是病毒的基本特性。计算机病毒往往能够主动地将自身的复制品或变种传染到其他未染毒的程序中，从而达到扩散的目的。判断一个程序是不是计算机病毒的最重要因素就是看其是否具有传染性。

（4）潜伏性

病毒程序通常短小精悍，当其侵入后，一般不立刻活动，需要等待一段时间，条件成熟后才开始发作。

（5）隐蔽性

计算机病毒程序大多寄生在其他正常程序之中，有的嵌在文件的头部，有的嵌在文件的中间，也有的附在文件的尾部，很难被发现，具有很强的隐蔽性。当运行被病毒感染的程序时，病毒程序会首先获得计算机系统的监控权，进而能监视计算机的运行，并传染其他程序。如果不发作，整个计算机系统看上去一切正常。

计算机病毒是计算机科学发展过程中出现的必然"污染"源，其特征与生物病毒极为相似，但与生物病毒不同的是，几乎所有的计算机病毒都是人为故意制造出来的，一旦扩散连原创者都无法控制。它不仅仅是一个计算机科学范畴的问题，更是一个严重的社会问题。

2．计算机病毒的分类

计算机病毒可以从不同的角度进行分类，按计算机病毒的感染方式，分为如下 5 类。

（1）引导型病毒

引导型病毒指寄生在磁盘引导区或主引导区的计算机病毒。此种病毒利用系统引导时不对主引导区的内容正确与否进行判别的缺点，在引导系统的过程中侵入系统，驻留内存，监视系统运行，待机传染和破坏。按照引导型病毒在硬盘上的寄生位置又可细分为主引导记录病毒和分区引导记录病毒。主引导记录病毒感染硬盘的主引导区，如大麻病毒、火炬病毒等；分区引导记录病毒感染硬盘的活动分区引导记录，如小球病毒、Girl 病毒等。

（2）文件型病毒

文件型病毒主要感染扩展名为.COM、.EXE、.DRY、.BIN、.OYL、.SYS 等可执行文件。通常寄生在文件的首部或尾部，并修改程序的第一条指令。文件型病毒是对计算机的源文件进行修改，使其成为新的带毒文件。一旦计算机运行该文件就会被感染，从而达到传播的目的，如 CIH 病毒、黑色星期五病毒等。

（3）混合型病毒

指具有引导型病毒和文件型病毒寄生方式的计算机病毒，所以它的破坏性更大，传染的机会也更多，杀灭也更困难。这种病毒扩大了病毒程序的传染途径，它既感染磁盘的引导记录，又感染可执行文件。当染有此种病毒的磁盘用于引导系统或调用执行染毒文件时，病毒都会被激活。因此在检测、清除复合型病毒时，必须全面彻底地根治。如果只发现该病毒的一个特性，把它只当作引导型或文件型病毒进行清除。虽然表面看好像是清除了，但还留有隐患，这种经过消毒后的"洁净"系统更赋有攻击性。这种病毒有 Flip 病毒、新世纪病毒等。

（4）宏病毒

宏病毒是一种寄存在文档或模板的宏中的计算机病毒。一旦打开这样的文档，其中的宏就会被执行，于是宏病毒就会被激活，转移到计算机上，并驻留在Normal 模板上。从此以后，所有自动保存的文档都会"感染"上这种宏病毒，而且如果其他用户打开了感染病毒的文档，宏病毒又会转移到他的计算机上，如 ETHAN 宏病毒、Macro 宏病毒等。

（5）网络病毒

网络病毒大多是通过 E-mail 传播的，黑客是危害计算机系统的源头之一。"黑客"指利用通信软件，通过网络非法进入他人的计算机系统，截取或篡改数据，危害信息安全，如网络天空病毒、Sircam病毒等。

1.4.2　计算机感染病毒的表现形式

1. 计算机病毒的常见表现形式

计算机病毒虽然很难检测，但是，只要细心留意计算机的运行状况，还是可以发现计算机感染病毒的一些异常情况的。常见的表现形式有：

① 磁盘文件数目无故增多；

② 由于病毒本身或其复制品不断侵占系统空间，使内存的可用空间明显变小；

③ 丢失数据和程序；

④ 感染病毒后的可执行文件的长度通常会明显增加；

⑤ 正常情况下可以运行的程序却突然因内存区不足而不能装入；

⑥ 程序加载时间或程序执行时间比正常的明显变长；

⑦ 死机现象增多或不能正常启动；

⑧ 显示器上经常出现一些莫名其妙的信息或异常现象。

2. 新型病毒及变种病毒

近年来，计算机病毒的种类和破坏方式都有所改变，有些病毒甚至盗取用户的个人隐私。

（1）新型后门病毒程序

国家计算机病毒应急处理中心通过对互联网监测，发现新型后门程序 Backdoor Undef.CDR。该后门病毒程序利用一些常用的应用软件信息，诱骗计算机用户点击下载运行。一旦点击运行，恶意攻击者就会通过该后门远程控制计算机用户的操作系统，下载其他病毒或是恶意木马程序，进而盗取用户的个人私密数据信息，甚至控制监控摄像头等。该后门程序运行后，会在受感染的操作系统中释放一个伪装成图片的动态链接库（DLL）文件，之后将其添加成系统服务，实现后门病毒程序随操作系统开机而自动运行。

另外，该后门程序一旦开启后门功能，就会收集操作系统中用户的个人私密数据信息，并且远程接受并执行恶意攻击者的代码指令。一旦恶意攻击者远程控制了操作系统，那么用户的计算机名与 IP 地址就会被窃取。随后，操作系统会主动访问恶意攻击者指定的 Web 网址，同时下载其他病毒或是恶意木马程序，更改计算机用户操作系统中的注册表，截获键盘鼠标的操作，对屏幕进行截图等恶意攻击行为，给计算机用户的隐私及其操作系统的安全带来较大的危害。

（2）变种病毒

应该说 20 世纪 90 年代后，新型病毒出现得并不多，更多的是对已有病毒的变种，如"代理木马"新变种 Trojan_Agent.DDFC。该变种是远程控制的恶意程序，自身为可执行文件，在文件资源中捆绑动态链接库资源，运行后鼠标没有任何反应，以此来迷惑计算机用户，且不会进行自我删除。

变种病毒运行后，将自身复制到系统目录中重命名为一个可执行文件，随即替换受感染操作系统中的系统文件；用同样的手法替换掉系统中即时聊天工具的可执行程序文件，并设置成开机自动运行。在计算机用户毫不知情的情况下，恶意程序就可以自动运行加载。

该变种还会在受感染操作系统的后台自动记录键盘按键信息，然后保存在系统目录下的指定文件中。迫使操作系统与远程服务器进行连接，发送被感染机器的用户名、操作系统、CPU 型号等信息。除此之外，变种还会迫使受感染的操作系统主动连接访问互联网络中指定的 Web 服务器，下载其他木马、病毒等恶意程序。

新型病毒及变种病毒的出台，使得病毒的表现形式更趋多用化，从而给用户发现病毒带来难度。

1.4.3　计算机病毒的清除

如果计算机感染上了病毒，文件遭到破坏，最好立即关闭系统，否则会使机器上更多的文件感染病毒。针对已经感染病毒的用户，应该立即升级系统中的防病毒软件，进行全面杀毒。一般的杀毒软件都具有清除/删除病毒的功能。二者是有区别的，清除病毒是指把病毒从原有的文件中清除掉，恢复原有文件的内容，删除是指把感染病毒的整个文件全删除掉。经过杀毒后，被破坏的文件有可能恢复成正常的文件。对未感染的用户建议打开系统中防病毒软件的"监控"功能，从注册表、系统进程、内存、网络等多方面对各种操作进行监控。

用反病毒软件消除病毒是当前比较流行的方法。它既方便，又安全，一般不会破坏系统中的正常数据。通常，反病毒软件只能检测出已知的病毒并消除它们，不能检测出新型的病毒或变种的病毒。所以，各种反病毒软件都是根据已有病毒而开发的，而随着新病毒的涌现，反病毒软件需要不断升级。目前较流行的杀毒软件有瑞星、诺顿、卡巴斯基、金山毒霸及江民杀毒软件等。

1.4.4　计算机病毒的预防

计算机感染病毒后，必将对系统构成威胁，造成对系统或大或小的破坏。因此，防止病毒的入侵要比病毒侵入后再去找到它、消除它更为重要。所以，要有针对性地做好计算机病毒的防范工作，保护计算机系统和数据的安全。预防的办法主要通过两个方面展开。

1．从技术手段上预防

① 安装有效的杀毒软件并根据实际需求进行安全设置。
② 定期升级杀毒软件并经常全盘查毒、杀毒。
③ 经常扫描系统漏洞，及时更新系统补丁。
④ 分类管理数据。对各类数据、文档和程序应分类备份保存。
⑤ 尽量使用具有查毒功能的电子邮箱，尽量不要打开陌生的可疑邮件。
⑥ 浏览网页、下载文件时要选择正规的网站。
⑦ 禁用远程功能，关闭不需要的服务。
⑧ 修改 IE 浏览器中与安全相关的设置。

2．从思想意识上预防

① 对网络上的共享软件的下载和使用要谨慎。
② 对未经检测过是否感染病毒的文件、光盘、U 盘及移动硬盘等移动存储设备在使用前应首先用杀毒软件查毒后再使用。
③ 不要将自己的 U 盘随意在他人的计算机上使用。

1.5　Internet 基础

Internet（因特网）始于 1969 年的美国，是美军在 ARPA（阿帕网，美国国防部研究计划署）制定的协定下将美国西南部的加利福尼亚大学洛杉矶分校、斯坦福大学研究学院、加利福尼亚大学和犹他州大学的 4 台主要的计算机连接起来。这个协定由剑桥大学的 BBN 和 MA 执行，在 1969 年 12 月开始联机，到 1970 年 6 月，又陆陆续续加入了多所大学，包括麻省理工学院和哈佛大学等。到 1972 年 4 月后，许多的公司和实验室也相继加入进来。1983 年，考虑到安全问题，美国国防部将阿帕网分为军网和民网，军网由国家管理，而民网就交给公司管理了。随着民网加入用户的不断增多，渐渐扩大为今天的 Internet。Internet 由成千上万个计算机网络组成，几乎涵盖了社会的各个应用领域（如政务、军事、科研、文化、教育、经济、新闻、商业和娱乐等）。人们只要动用鼠标和键盘，就可以从网上获取自己想要的信息，并与远在异国他乡的人们进行通信交流。显然，Internet 已经改变了人们的工作和生活方式。

1.5.1　计算机网络的基本概念

1．计算机网络与数据通信

计算机网络是计算机技术与通信技术高度发展、紧密结合的产物。在计算机网络发展的不同阶段，人们对计算机网络给出了不同的定义。当前较为准确的定义为"以能够相互共享资源的方式互联起来的自治计算机系统的集合"，即指将地理位置不同的具有独立功能的多台计算机及其外部设备，通过通信线路连接起来，在网络操作系统、网络管理软件及网络通信协议的管理和协调下，实现资源共享和信息传递的计算机系统。

数据通信是通信技术和计算机技术相结合而产生的一种新的通信方式。要在两地间传输信息必须有传输信道，根据传输媒体的不同，数据通信分为有线数据通信与无线数据通信。但它们都是通过传输信道将数据终端与计算机连接起来，从而使不同地点的数据终端实现软、硬件和信息资源的共享。常用的数据通信的专用术语如下。

（1）信道

信道就是通信的通道，是信息传输的媒介。其作用是把带有信息的信号从其输入端传递到输出端。根据传输媒介的不同，信道可分为有线信道和无线信道两类。常见的有线信道包括双绞线、同轴电缆、光缆等。无线信道有地波传播、短波、超短波、人造卫星中继等。

（2）数字信号和模拟信号

数字信号指自变量是离散的、因变量也是离散的信号，这种信号的自变量用整数表示，因变量用有限数字中的一个数字来表示。模拟信号是指信息参数在给定范围内表现为连续的信号。或在一段连续的时间间隔内，其代表信息的特征量可以在任意瞬间呈现为任意数值的信号。例如，电话线上传输的按照声音强弱幅度连续变化所产生的电信号，就是一种典型的模拟信号，可以用连续的电波表示。

（3）调制解调器

计算机内的信息是由"0"和"1"组成的数字信号，而在电话线上传递的却只能是模拟电信号。于是，当两台计算机要通过电话线进行数据传输时，就需要一个设备负责数模的转换。这个数模转换器就是调制解调器，它是调制和解调两种功能结合在一起的设备。其中，将发送端数字脉冲信号转换成模拟信号的过程称为调制，将接收端模拟信号还原成数字脉冲信号的过程称为解调。

（4）带宽与传输速率

带宽通常指信号所占据的频带宽度，在被用来描述信道时，带宽是指能够有效通过该信道的信号的最大频带宽度。对于模拟信号而言，带宽又称为频宽，以赫兹（Hz）为单位，通常以信号的最高频率和最低频率之差表示，即频率的范围（频率是模拟信号波每秒的周期数）。因此，信道的带宽越宽（带宽数值越大），其可用的频率就越多，传输的数据量就越大。在数字信道中，用数据传输速率（比特率）表示信道的传输能力，即每秒传输的二进制位数（bps，比特/秒）。带宽与数据传输速率是通信系统的主要技术指标之一。

（5）误码率

误码率是衡量数据在规定时间内数据传输精确性的指标，是通信系统的可靠性指标。由于种种原因，数字信号在传输过程中不可避免地会产生差错。例如，在传输过程中受到外界的干扰，或在通信系统内部由于各个组成部分的质量不够理想而使传送的信号发生畸变等。当受到的干扰或信号畸变达到一定程度时，就会产生差错。但是这种差错一定要控制在某个允许的范围内。

2．计算机网络的分类

计算机网络的分类可按多种方法进行，主要的分类办法有根据分布的地理范围的大小分类、根据网络的用途分类、根据网络拓扑结构分类等。各种分类办法只能从某一个方面反映网络的特征。目前主要根据分布的地理范围的大小进行分类，依据这种分类办法，可以将计算机网络分为 3 种：局域网、城域网和广域网。

（1）局域网（Local Area Network，LAN）

局域网是地理分布范围在几千米之内，因此适用于一个部门或一个单位组建的网络。例如，办公室网络、企业、学校的主干局域网，机关和工厂等有限范围内的计算机网络等都是典型的局域网。局域网具有数据传输速率高、误码率低、成本低、组网容易、易管理、易维护、使用灵活方便等优点。

（2）城域网（Metropolitan Area Network，MAN）

城域网采用类似于局域网的技术，但规模比局域网大，地理分布范围在 10～100 千米，是一种介于广域网与局域网之间的高速网络，一般覆盖一个城市或地区。

（3）广域网（Wide Area Network，WAN）

广域网地理分布范围很大，可以是一个国家、地区，甚至横跨几个洲，规模十分庞大且复杂。Internet就是典型的广域网。

3．网络拓扑结构

拓扑这个词来自于几何学。计算机网络拓扑是将构成网络的节点和连接节点的线路抽象成点和线，用几何关系表示网络结构，从而反映出网络中各实体的结构关系。构成网络的拓扑结构有很多种，它的结构主要有星形、环形、总线形、树形和网状等几种，如图 1-13 所示。

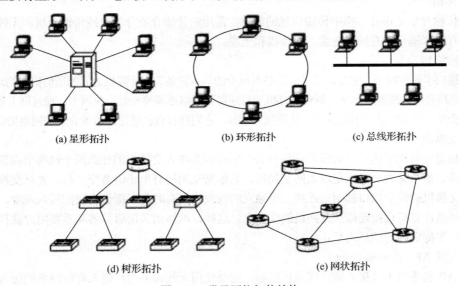

(a) 星形拓扑　　　　(b) 环形拓扑　　　　(c) 总线形拓扑

(d) 树形拓扑　　　　(e) 网状拓扑

图 1-13　常见网络拓扑结构

（1）星形拓扑

在星形拓扑结构中，网络中的各节点通过点到点的方式连接到一个中央节点（又称中央转接站，一般是集线器或交换机）上，由该中央节点向目的节点传送信息。中央节点执行集中式通信控制策略，因此中央节点相当复杂，负担比各节点重得多。在星形网中任何两个节点要进行通信都必须经过中央节点控制。

（2）环形拓扑

环形拓扑结构是使用公共电缆组成一个封闭的环，各节点直接连到环上，信息沿着环按一定方向从一个节点传送到另一个节点。环接口一般由发送器、接收器、控制器、线控制器和线接收器组成。在环形拓扑结构中，有一个控制发送数据权力的"令牌"，它在后边按一定的方向单向环绕传送，每经过一个节点都要被接收、判断一次，是发给该节点的则接收，否则的话就将数据送回到环中继续往下传。

（3）总线形拓扑

将所有的节点都连接到一条电缆上，把这条电缆作为总线。总线形网络是最为普及的网络拓扑结构之一。它的连接形式简单、易于安装、成本低，增加和撤销网络设备都比较灵活。然而，一旦某一节点发生故障，总线形的拓扑结构就会导致网络的阻塞。同时，这种拓扑结构还难以查找故障。

（4）树形拓扑

树形拓扑结构的网络节点呈树状排列，整体看就像一棵倒放的树。它具有较强的可折叠性，非常适用于构建网络主干，还能够有效地保护布线投资。这种拓扑结构的网络一般采用光纤作为网络主干，用于军事、政府等上、下界限相当严格和层次分明的部门。

（5）网状拓扑

网状拓扑没有上述 4 种拓扑那么明显的规则，节点的连接是任意的，没有规律。网状拓扑的优点是系统可靠性高，但是由于结构复杂，必须采用路由协议、流量控制等方法。广域网中基本都采用网状拓扑结构。

4．网络硬件

计算机网络系统也由网络软件和硬件设备两部分组成。常见的网络硬件设备如下。

（1）传输介质

网络传输介质是指在网络中传输信息的载体，常用的传输介质分为有线传输介质和无线传输介质两大类。有线传输介质有同轴电缆、双绞线和光缆。

（2）网络接口卡

网络接口卡简称网卡，它是计算机网络必不可少的基本设备，为计算机之间的通信提供物理连接，用于将计算机和通信电缆连接起来。每台计算机一旦连接到网络都需要安装一块网卡。通常网卡都插在计算机的扩展槽内。网卡经过多年的发展，种类越来越多，它们都有自己适用的传输介质和网络协议。

（3）交换机

交换机是一种用于电信号转发的网络设备，它可以为接入交换机的任意两个网络节点提供独享的电信号通路。最常见的交换机是以太网交换机，其他常见的还有电话语音交换机、光纤交换机等。一般来说，交换机的每个端口都用来连接一个独立的网段，但有时为了提供更快的接入速度，可以把一些重要的网络计算机直接连接到交换机的端口上。这样，网络的关键服务器和重要用户就拥有更快的接入速度，支持更大的信息流量。

（4）无线 AP（Access Point）

无线 AP 也称为无线接入点或网络桥接器，它是使用无线设备用户进入有线网络的接入点，主要用于宽带家庭、大楼内部、校园内部、园区内部以及仓库、工厂等需要无线监控的地方，典型覆盖距离为几十米至上百米，也可以用于远距离传送，目前最远的可以达到 30km 左右。大多数无线 AP 还带有接入点客户端模式，可以和其他 AP 进行无线连接，延展网络的覆盖范围。它是有线局域网络与无线局域网络之间的桥梁。

（5）路由器

处于不同地理位置的局域网通过广域网进行互联是当前网络互联的一种常见方式。路由器是实现局域网与广域网互联的主要设备，它会根据信道的情况自动选择和设定路由，以最佳路径按前后顺序发送信号。路由器是互联网络的"交通警察"。目前路由器已经广泛应用于各行各业，各种不同档次的产品已成为实现各种骨干网内部连接、骨干网间互联和骨干网与互联网互联互通业务的主力军。

路由器和交换机的主要区别就是交换机发生在 OSI 参考模型第二层（数据链路层），而路由发生在第三层，即网络层。这一区别决定了路由和交换机在移动信息的过程中需使用不同的控制信息，所以两者实现各自功能的方式是不同的。

5. 网络软件

计算机网络系统是由其硬件和软件组成的，计算机网络软件是指在计算机网络环境中用于支持数据通信和各种网络活动的软件。为了降低网络设计的复杂性，网络通常都要进行层次划分，下一层是上一层的基础，并且向上一层提供特定的服务。由于网络硬件设备的厂商很多，为了保证不同的硬件设备采用统一划分的层次，并且能够保证通信双方对数据的传输理解一致，就需要通过单独的网络软件——网络协议来实现。

网络协议是为计算机网络中进行数据交换而建立的规则、标准或约定的集合，常见的协议有 TCP/IP 协议、IPX/SPX 协议、NetBEUI 协议等。而 TCP/IP 协议是当前最流行的商业化协议，被公认为是当前的工业标准或事实标准。TCP/IP 将计算机网络划分为 4 个层次，如图 1-14 所示。

（1）应用层

负责处理特定的应用程序数据，为应用软件提供网络接口，包括 HTTP（超文本传输协议）、Telnet（远程登录协议）、FTP（文件传输协议）等协议。

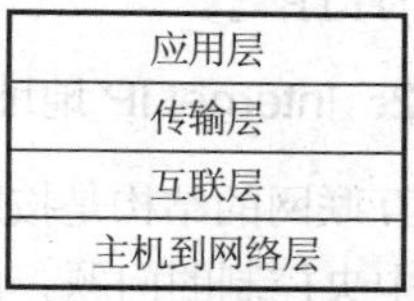

| 应用层 |
| 传输层 |
| 互联层 |
| 主机到网络层 |

图 1-14　TCP/IP 参考模型

（2）传输层

为两台主机间的进程提供端到端的通信。主要协议有 TCP（传输控制协议）和 UDP（用户数据报协议）。

（3）互联层

网络互联层是整个 TCP/IP 协议的核心，它的功能是把分组发往目标网络或主机。同时，为了尽快发送分组，可能需要沿不同的路径同时进行分组传递。因此，分组到达的顺序和发送的顺序可能不同，这就要求上层必须对分组进行排序。

（4）主机到网络层

规定了数据包从一个设备的网络层传输到另一个设备的网络层的方法。

6. 无线局域网

随着笔记本电脑、掌上电脑等各种移动便携设备迅速普及和无线通信技术的迅速发展，无线局域网（Wireless Local Area Networks，WLAN）应运而生，且制定了一系列无线局域网标准。它是相当便利的数据传输系统，利用射频技术，使用电磁波，取代旧式碍手碍脚的双绞线所构成的局域网络，在空中进行通信连接，使得无线局域网络能利用简单的存取架构让用户透过它随时获得需要的信息。

1.5.2　Internet 基础

Internet 是由很多网络通过路由器互相连接而成的，所以又叫国际互联网。Internet 除了提供资源共享、数据通信和信息查询等服务，已经逐步成为人们了解世界、学习研究、购物休闲、商业活动、结识朋友的重要途径。

1. TCP/IP 协议

要实现在 Internet 中的计算机之间传输数据，必须做两件事，提供数据传输目的地址和保证数据迅速可靠传输的措施，这是因为数据在传输过程中很容易丢失或传错，Internet 使用一种专门的计算机协议，以保证数据安全、可靠地到达指定的目的地，这种协议分两部分：TCP（Transmission Control Protocl，传输控制协议）和IP（Internet Protocl，网间协议）。

（1）IP 协议

IP 协议是 TCP/IP 协议体系中的网络层协议，它的主要作用是将不同类型的物理网络互联在一起。它实现两个基本功能：寻址和分段。IP 可以根据数据报报头中包括的目的地址将数据报传送到目的地址，在此过程中 IP 负责选择传送的道路，称为路由功能。如果有些网络内只能传送小数据报，IP 可以将数据报重新组装并在报头域内注明。IP 模块中包括这些基本功能，这些模块存在于网络中的每台主机和网关上，而且这些模块（特别在网关上）有路由选择和其他服务功能。对 IP 来说，数据报之间没有什么联系，对 IP 不好说什么连接或逻辑链路。

（2）TCP 协议

TCP 即传输控制协议，位于传输层。TCP 协议向应用层提供面向连接的服务，确保网上所发送的数据报可以完整地被接收，一旦某个数据报丢失或损坏，TCP 发送端可以通过协议机制重新发送这个数据报，以确保发送端到接收端的可靠传输。依赖于 TCP 协议的应用层协议主要是需要大量传输交互式报文的应用，如远程登录协议 Telnet、简单邮件传输协议 SMTP、文件传输协议 FTP、超文本传输协议 HTTP 等。

2. Internet IP 地址和域名工作原理

互联网的结构是按照"包交换"的方式连接的分布式网络。因此，在技术层面上，互联网绝对不存在中央控制的问题。也就是说，不可能存在某一个国家或者某一个利益集团通过某种技术手段来控制互联网的问题。反过来，也无法把互联网封闭在一个国家之内。然而，与此同时，这样一个全球性的网络，必须要有某种方式来确定连入其中的每一台主机。在互联网上绝对不能出现类似两个人同名的现象。这样就必须为每一台主机确定名字，由此确定这台主机在互联网上的"地址"。在 Internet 通信中，可以通过 IP 地址和域名实现明确地址的目的。

（1）IP 地址

Internet 上的每台主机都有一个唯一的 IP地址。IP 协议就是使用这个地址在主机之间传递信息的，这是 Internet 能够运行的基础。IP 协议主要有两个版本：IPv4 协议和 IPv6 协议，其最大区别在于地址表示方式不同。目前，Internet 广泛使用的是 IPv4，即 IP 协议第 4 版，本书也使用该版本。

IPv4 地址用 32 比特（4 字节）表示，为了便于管理和配置，将每个 IP 地址按照一段一字节的方式分为 4 段，每段用一个十进制数表示，表示范围是 0~255，段和段之间用"."隔开。例如，158.198.1.1 和 107.9.88.11 都是合法的 IP 地址。一台主机的 IP 地址由网络号和主机号两部分组成，IP 地址的结构如图 1-15 所示。

网络号	主机号

图 1-15　IP 地址的结构

IP 地址分为 A、B、C、D、E 五类，常用的是 B 和 C 两类。IP 地址由各级 Internet 管理组织进行分配，它们被分为不同的类别，根据地址的第一段分为五类：0~127 为 A 类，128~191 为 B 类，192~223 为 C 类，D 类和 E 类留做特殊用途。但是由于近年来 Internet 上的节点数量增长速度太快，IP 地址逐渐匮乏，很难达到 IP 设计初期希望给每一台主机都分配唯一 IP 地址的期望。因此在标准分类的

IP 地址上，又可以通过增加子网号来灵活分配 IP 地址，减少 IP 地址浪费。20 世纪 90 年代又出现了无类别域间路由技术与 NAT 网络地址转换技术等对 IPv4 地址的改进方法。

随着互联网的迅速发展，IPv4 定义的有限地址空间将被耗尽，地址空间的不足必将妨碍互联网的进一步发展。为了扩大地址空间，推出了 IPv6 版。IPv6 采用 128 位地址长度，几乎可以不受限制地提供地址。按保守方法估算 IPv6 实际可分配的地址，整个地球的每平方米面积上仍可分配 1000 多个地址。

（2）域名

由于 IP 地址是数字标识，使用时难以记忆和书写，因此在 IP 地址的基础上又发展出一种符号化的地址方案来代替数字型的 IP 地址。每一个符号化的地址都与特定的 IP 地址对应，这样网络上的资源访问起来就容易多了。这个与网络上的数字型 IP 地址相对应的字符型地址被称为域名。

域名就是上网单位的名称，是一个通过计算机登上网络的单位在该网中的地址。一个部门如果希望在网络上建立自己的主页，就必须取得一个域名。域名也是由若干部分组成的，包括数字和字母。通过该地址，人们可以在网络上找到所需的详细资料。域名是上网单位和个人在网络上的重要标识，起着识别作用，便于他人识别和检索。为了避免重名，域名采用层次结构，各层次的子域名之间用圆点 “.” 隔开，从右至左分别是主机名……第二级域名.第一级域名。

国际上，第一级域名采用通用的代码，它分组织机构和地理模式两类。由于 Internet 诞生在美国，所以其第一级域名采用组织机构域名，美国以外的其他国家都采用主机所在地的名称为第一级域名，例如，CN（中国）、JP（日本）、KR（韩国）、UK（英国）等。表 1-4 为常用一级域名的代码。

表 1-4　常用一级域名的代码

域 名 代 码	意　义	域 名 代 码	意　义
com	商业机构	gov	政府机构
net	网络服务机构	mil	军事部门
org	非营利性组织	Int	国际组织
edu	教育机构	post	邮政机构

根据《中国互联网络域名注册暂行管理办法》规定，我国的二级域名又分为类别域名和行政区域名两类。类别域名共 6 个，包括用于科研机构的 ac，用于工商金融企业的 com，用于教育机构的 edu，用于政府部门的 gov，用于互联网络信息中心和运行中心的 net，用于非营利组织的 org。而行政区域名有 34 个，分别对应于我国各省、自治区和直辖市。例如，pku.edu.cn 是北京大学的一个域名，其中 pku 是北京大学的英文缩写，edu 表示教育机构，cn 表示中国。

每个 IP 地址都可以有一个域名。有了域名，就不要死记硬背每台设备的 IP 地址，只要记住相对直观有意义的域名就行了。这就是 DNS（Domain Name System，域名系统）协议所要完成的功能。有了 DNS 用户可以更为方便的访问互联网，而不用去记住能够被机器直接读取的 IP 地址。

3．接入 Internet

Internet 接入方式通常有专线连接、局域网连接、无线连接和电话拨号连接 4 种。其中使用 ADSL 方式拨号连接对众多个人用户和小单位来说，是最经济简单、采用最多的一种接入方式。无线连接也成为当前流行的一种接入方式，给网络用户提供了极大的便利。

（1）ADSL

ADSL（非对称数字用户线路）是目前用电话线接入 Internet 的主流技术。ADSL 技术采用频分复用技术把普通的电话线分成了电话、上行和下行 3 个相对独立的信道，从而避免了相互之间的干扰。用户可以边打电话边上网，不用担心出现上网速率和通话质量下降的情况。

ADSL 技术能够充分利用现有公共交换电话网，只须在线路两端加装 ADSL 设备即可为用户提供高宽带服务，无须重新布线，从而可极大地降低服务成本。同时，ADSL 用户独享带宽，线路专用，不受用户增加的影响。

（2）ISP

ISP 就是 Internet 服务提供商（Internet Service Provider），由于接驳国际互联网需要租用国际信道，其成本对于一般用户是无法承担的。Internet 接入提供商作为提供接驳服务的中介，需投入大量资金建立中转站，租用国际信道和大量的当地电话线，购置一系列计算机设备，通过集中使用、分散压力的方式，向本地用户提供接驳服务。因此要接入 Internet，必须要寻找一个合适的 ISP。ISP 一般提供的功能主要有：分配 IP 地址和网关及 DNS，提供连网软件，提供各种 Internet 服务、接入服务。

（3）用无线连接构建无线局域网

由于无线局域网的构建不需要布线，因此为组网提供了极大的便捷，并且在网络环境发生变化需要更改的时候，也易于更改和维护。那么一般如何架设无线网呢？

首先，需要一台无线 AP。AP 很像有线网络中的交换机，是无线局域网络中的桥梁。有了 AP，装有无线网卡的计算机或支持 WiFi 功能的手机等设备就可以快速轻易地与网络相连了。通过 AP，这些计算机或无线设备就可以接入 Internet。普通的小型办公室、家庭有一个 AP 就已经足够。

几乎所有的无线网络都在某一个点上连接到有线网络中，以便访问 Internet 上的文件、服务。要接入 Internet，AP 还需要与 ADSL 或有线局域网连接，AP 就像一个简单的有线交换机一样将计算机和 ADSL 或有线局域网连接起来，从而达到接入 Internet 的目的。

1.5.3　Internet 应用

当今的人们已经离不开网络，每天上网看看有什么新闻、对生活中的一些质疑到网上寻求答案、与朋友聊聊天、收发电子邮件等。Internet 成为了人们与外界沟通的重要渠道和了解世界的窗口。下面介绍两个最常见的 Internet 应用。

1．网上漫游

（1）Internet 的重要概念

① 万维网。

万维网（WWW）是由支持特殊格式文档的服务器组成的系统。这些文档的格式由超文本标记语言（Hyper Text Markup Language，HTML）定义，支持指向其他文档、图像、音频或视频文件的"超链接"，用户可以通过简单地点击超链接从一个文档跳转到另外一个文档。这些存储在万维网站点的文档称为网页，一个网站的起始网页称为主页。万维网是因特网的一部分，也是目前使用最广泛的因特网服务。

万维网中用统一资源定位符 URL（Uniform Resource Locator）作为标识文档以及其他资源的全球地址。地址的第一部分指示使用的协议，第二部分指定资源的 IP 地址或域名以及资源的文件名称。例如，http://www.sohu.com/index.html 表示使用超文本传输协议 http，主机地址为 www.sohu.com，文档名为 index.html。当前被广泛使用的浏览器主要有微软公司的 Internet Explorer 和网景公司的 Netscape Navigator。

② 超文本和超链接。

WWW 上的每个网页都对应一个文件。我们浏览一个页面，要先把页面所对应的文件从提供这个文件的计算机里通过 Internet 传送到我们自己的计算机中，再由 WWW 浏览器翻译成为我们见到的有文字、有图形甚至有声音的页面。这些页面对应的文件不再是普通的"文本文件"，文件中除包含相应信息外，还包括一些指向其他网页的链接。这些包含链接的文件称为超文本文件。超文本所包含的链接叫做超链接。在一个超文本文件里可以包含多个超链接，以方便用户随心所欲地链接到其他网页进行阅读。因此，可以说超文本是实现 Web 浏览的基础。

③ 统一资源定位符

统一资源定位符是对可以从互联网上得到的资源的位置和访问方法的一种简洁的表示，是互联网上标准资源的地址。互联网上的每个文件都有一个唯一的 URL，它包含的信息指出文件的位置以及浏览器应该怎么处理它。

④ 浏览器

浏览器是用于浏览 WWW 的工具，安装在用户端的机器上，是一种客户软件。它能够把用超文本标记语言描述的信息转换成便于理解的形式。此外，它还是用户与 WWW 之间的桥梁，把用户对信息的请求转换成网络上计算机能够识别的命令。浏览器有很多种，目前最常用的 Web 浏览器是QQ 浏览器、Internet Explorer、Firefox、Safari、Opera、Google Chrome、百度浏览器、搜狗浏览器、猎豹浏览器、360 浏览器、UC 浏览器、傲游浏览器等。

⑤ FTP 文件传输协议

FTP（File Transfer Protocol，文件传输协议）是 TCP/IP 协议组中的协议之一。FTP 协议包括两个组成部分，其一为 FTP 服务器，其二为 FTP 客户端。其中，FTP 服务器用来存储文件，用户可以使用FTP 客户端通过 FTP 协议访问位于 FTP 服务器上的资源。在开发网站的时候，通常利用 FTP 协议把网页或程序传到 Web 服务器上。此外，由于 FTP 传输效率非常高，在网络上传输大的文件时一般也采用该协议。

（2）浏览网页

浏览网页必须使用浏览器，下面以 Windows 7 系统上的 Internet Explorer 9（IE9，或简称 IE）为例，介绍浏览器的常用功能及操作方法。

① IE 的启动。

● 使用"开始"菜单：单击 Windows 窗口左下角的"开始"按钮，选择"所有程序|Internet Explorer"，即可启动 IE 浏览器。

● 使用快捷图标：单击桌面及任务栏上的 IE 快捷方式，启动 IE 浏览器。

② IE 的关闭。

● 使用关闭按钮：单击 IE 窗口右上角的关闭按钮。

● 使用控制菜单：单击 IE 窗口左上角，在弹出的控制菜单中选择"关闭"选项。

● 使用组合键：选中 IE 窗口后，按组合快捷键 Alt+F4。

IE 是一个选项卡式的浏览器，也就是可以在一个窗口中打开多个网页。因此在关闭时，会提示选择"关闭所有选项卡"或"关闭当前的选项卡"，用户可根据需要做出选择。

③ 网页浏览。

当网页打开后，用户就可以浏览网页了，但当用户想去浏览其他网页时，则首先要将插入点移到地址栏内，输入 Web 地址后，按回车键或单击"转到"按钮，浏览器就会按照地址栏中的地址转到相应的页面。

Web 站点的第一页称为主页或首页，主页上通常设有类似目录一样的网站索引，表述网站设有哪些主要栏目、近期要闻等。同时网页上有很多超链接，它们或显现不同的颜色，或都有下画线或图片，其特征是，当鼠标移到其上时，鼠标会变成一只小手。单击一个链接就可以从一个页面转到另一个页面，再单击新页面中的链接又能转到其他页面，以此类推。

（3）Web 页面的保存

在浏览过程中，常常会遇到一些有价值的页面需要保存下来，待以后慢慢阅读，或复制到其他地方。而且有的 Internet 接入方式是按上网时间计费的，因此及时将需要的 Web 页面保存到硬盘上十分必要。

保存全部 Web 页面的具体操作步骤如下：

① 打开要保存的 Web 页面。

② 单击"文件|另存为"命令，打开"保存网页"对话框。

③ 选择要保存的盘符和文件夹，在文件名框内输入文件名，在保存类型框中选择一种需要的类型。

④ 单击"保存"按钮保存。

（4）收藏夹的使用

在网上浏览时，除了可以将页面保存外，也可以利用 IE 提供的收藏夹将网页地址保存起来以备使用。收入收藏夹的网页地址可由浏览者给定一个简明的、便于记忆的名字，当鼠标指针指向此名字时，会同时显示对应的 Web 页面地址。单击它就可以转到相应的 Web 页面，省去了在地址栏输入地址的操作，效率很高。具体操作步骤如下。

① 将 Web 页面地址添加到收藏夹中。

依次进行如下操作：

● 打开要收藏的网页。

● 单击 IE 左上角的"收藏"按钮，弹出"添加到收藏夹"对话框。

● 单击"创建位置"后的下拉框可以展开或收起下面的文件夹。可以单击某个文件夹，选择要保存的位置。

● 如果要改名字，可以将插入点移到"名称"框中，输入给定的名字。也可以直接使用系统给定的名字。

● 单击"确定"按钮，则在收藏夹中就添加了一个网页地址。

② 使用收藏夹中的地址。

单击 IE 上的"收藏夹"按钮，在收藏夹窗口中，单击所需的 Web 页面名称就可以转到相应的 Web 页面。

2. 电子邮件

（1）电子邮件概述

电子邮件（E-mail）是 Internet 应用最广的服务，通过网络的电子邮件系统，用户可以用非常低廉的价格（电话费和网费即可），以非常快速的方式（几秒钟之内），与世界上任何一个角落的网络用户联络，这些电子邮件可以是文字、图像、声音等各种方式。同时，你可以得到大量免费的新闻、专题邮件，并实现轻松的信息搜索。这是任何传统的方式无法相比的。正是由于电子邮件的使用简易、投递迅速、收费低廉、易于保存、全球畅通无阻的特点，使得电子邮件被广泛应用，它使人们的交流方式发生了极大的改变。

（2）电子邮件地址

与通过邮局邮寄信件必须写明收件人的地址类似，要使用电子邮件服务，首先要拥有一个电子邮箱，每个电子邮箱应有一个唯一可识别的电子邮件地址。电子邮箱是由提供电子邮件服务的机构为用户建立的。任何人都可以将电子邮件发送到某个电子邮箱中，但是只有电子邮箱的拥有者输入正确的用户名和密码，才能查看到 E-mail 的内容。

电子邮箱的地址格式是固定的：〈用户标识〉@〈主机域名〉。它由收件人用户标识（如姓名或缩写）、字符"@"和电子邮箱所在计算机的域名 3 部分组成。地址中间不能有空格或逗号。例如，123456@qq.com 就是一个电子邮件地址，它表示在"qq.com"邮件主机上有一个名为 123456 的电子邮件用户。

电子邮件首先被送到收件人的邮件服务器，存放在属于收件人的 E-mail 邮箱里。所有的邮件服务器都是 24 小时工作，随时可以接收或发送邮件，发信人可以随时上网发送邮件，收件人也可以随时连接 Internet，打开自己的信箱阅读邮件。因此，在 Internet 上收发电子邮件不受地域或时间的限制。

（3）电子邮件的格式

电子邮件都有两个基本部分：信头和信体。信头相当于信封，信体相当于信件内容。

① 信头。

信头中通常包括如下几项。

● 收件人文本框：收件人文本框中装的是 E-mail 地址。可以同时给多个人发同一封邮件，此时多个收件人地址之间用分号"；"隔开。

● 抄送文本框：表示同时可以接收到此信的其他人的 E-mail 地址。

● 主题文本框：类似一本书的章节标题，它概括描述新建内容的主题，可以是一句话或一个词。

② 信体。

信体就是希望收件人看到的正文内容，有时还可以包含附件，比如照片、音频、文档等文件都可以作为邮件的附件进行发送。

习　题

1. 在微型计算机中，运算器和控制器的总称为（　　）。

    A. ALU　　　　　　B. CPU　　　　　　C. MPU　　　　　　D. 主机

2. 1946 年诞生了世界上第一台电子计算机，它的英文名字是（　　）。

    A. UNIVAC-I　　　B. EDVAC　　　　　C. ENIAC　　　D. MARK-II

3. 计算机最早应用于（　　）领域。

    A. 数值计算　　　　B. 数据处理　　　　C. 辅助工程　　　　D. 过程控制

4. 英文缩写 CAM 的中文含义是（　　）。

    A. 计算机辅助设计　　B. 计算机辅助制造　　C. 计算机辅助教学　　D. 计算机辅助管理

5. 国际通用的 ASCII 码的码长是（　　）位。

    A. 7　　　　　　　B. 8　　　　　　　C. 12　　　　　　　D. 16

6. 在计算机中，8GB 的 U 盘可以存放（　　）汉字。

    A. 8×1000 个　　　　　　　　　　B. 8×1024 个

    C. $8\times1024\times1024\times512$ 个　　　D. $8\times1024\times1024\times1024$ 个

7. 计算机中所有信息都采用（　　）存储。

    A. 二进制　　　　　B. 八进制　　　C. 十进制　　　D. 十六进制

8. 二进制 1100100 对应的十进制数是（　　）。

    A. 98　　　　　　　B. 99　　　　　　　C. 100　　　　　　　D. 101

9. 由高级语言编写的源程序要转换成计算机能直接执行的目标程序必须经过（　　）。

    A. 解释　　　　　　B. 编译　　　　　　C. 汇编　　　　　　D. 编辑

10. 计算机工作中突然停电，（　　）中的数据全部丢失。

    A. RAM　　　　　　B. ROM　　　　　　C. U 盘　　　　　　D. 硬盘

11. 操作系统对磁盘进行读/写操作的物理单位是（　　）。

    A. 磁道　　　　　　B. 扇区　　　　　　C. 字节　　　　　　D. 文件

12. 存储容量的基本单位是（　　）。

    A. 位　　　　　　　B. 字节　　　　　　C. 字　　　　　　　D. 兆

13. 计算机感染病毒的可能途径之一是（　　）。
　　A. 电源不稳定
　　B. 用户不洗手就使用计算机
　　C. 利用键盘输入数据
　　D. 随意运行未经杀毒软件审查过的来自其他外存的文件

14. 计算机病毒是指能够侵入计算机系统并在计算机系统中潜伏、传播，破坏系统正常工作的一种具有繁殖能力的（　　）。
　　A. 特殊程序　　　　　B. 源程序　　　　　C. 特殊微生物　　　　D. 流行性感冒病毒

15. 云计算通常涉及通过（　　）来提供动态易扩展且经常是虚拟化的资源。
　　A. 软件　　　　　　　B. 局域网　　　　　C. 互联网　　　　　　D. 服务器

16. 计算思维是利用计算机科学的（　　）进行问题求解、系统设计以及人类行为理解等涵盖计算机科学之广度的一系列思维活动。
　　A. 思维方式　　　　　B. 基础概念　　　　C. 程序设计原理　　　D. 操作系统理论

17. 将发送端数字脉冲信号转换成模拟信号的过程称为（　　）。
　　A. 链路传输　　　　　B. 调制　　　　　　C. 解调　　　　　　　D. 数字信道传输

18. 实现局域网与广域网互联的主要设备是（　　）。
　　A. 交换机　　　　　　B. 集线器　　　　　C. 网桥　　　　　　　D. 路由器

19. 在 Internet 中完成从域名到 IP 地址或者从 IP 地址到域名转换服务的是（　　）。
　　A. DNS　　　　　　　B. FTP　　　　　　C. WWW　　　　　　D. ADSL

20. 关于电子邮件，下列说法中正确的是（　　）。
　　A. 发件人必须有自己的 E-mail 账户　　　B. 发件人必须知道收件人的姓名
　　C. 收件人必须有自己的邮政编码　　　　　D. 发件人必须会写字

实　　验

1. 打开"腾讯"的主页，地址是 http://www.qq.com，任意打开一条消息的页面浏览，并将页面保存到 D: 根目录下。

2. 使用"百度搜索"查找马云的个人资料，将他的个人资料加以复制，保存到 Word 文档"马云个人资料.docx"中。

3. 两人一组互发电子邮件，要求将第 1 道操作题的文件以附件的方式发送给对方，并且在"信体"中写上你应该说的话。

4. 在 IE 浏览器的收藏夹中新建一个目录，命名为"常用搜索引擎"，将百度搜索的网址（www.baidu.com）添加到该目录下。

5. 使用一款杀毒软件对你使用的电脑进行病毒的查杀。

第 2 章　Windows 7 操作系统

操作系统（Operating System，OS）是计算机系统中负责支撑应用程序运行环境和用户操作环境的系统软件，它是计算机软件系统的核心与基石。

2.1　操作系统概述

2.1.1　操作系统的基本概述

操作系统是用来控制和管理计算机的软、硬件资源，合理组织计算机的工作流程，以便有效地利用这些资源为用户提供功能强大、使用方便和可扩展的工作环境，为用户使用计算机提供接口的各种程序的集合。它是计算机系统中一个必不可少的关键组成部分，是用户与硬件的桥梁，是人机交流的必不可少的工具，也是计算机系统中最基本的软件。常见的计算机操作系统有 Windows、Linux、UNIX 和 OS/2 等。

2.1.2　操作系统的功能和特点

1．操作系统的功能

操作系统主要实现对计算机系统的资源管理，它负责管理并调度对系统各类资源的使用，总体来说，操作系统具有五大管理功能。

（1）作业管理

作业是操作系统中一个很重要的概念，用户要求计算机所做的有关一次业务处理的全部工作称为一个作业。作业管理的功能是提供给用户一个使用计算机系统的界面，使用户能方便地运行自己的作业，并对进入系统的所有用户作业进行管理和组织，以提高整个系统的运行效率。作业管理包括作业的调度、控制和处理。

（2）CPU 管理

CPU 管理负责管理计算机的处理器，为用户合理分配处理器的时间。比如，用户希望计算机同时完成音乐播放、文字编辑以及 QQ 聊天，这些任务的同步执行正是 CPU 管理的功能体现。通常，用户应该尽量使处理器处于忙碌状态，以提高处理器的使用效率。

（3）内存管理

内存管理系统负责管理内部存储器，实现内存的分配与回收、内存的共享与扩充以及信息的保护等，其目的是为了合理分配内存，使各个作业占有的内存空间不发生冲突，不互相干扰。

（4）文件管理

文件管理系统负责对文件进行管理，包括管理文件目录、为文件分配存储空间，辅助用户完成文件命名、更名、修改、存取、删除等操作。

（5）设备管理

设备管理负责管理各种外部设备，实现外部设备的分配和回收并控制外部设备的启动与运行。

2. 操作系统的特点

与其他软件相比，操作系统具有以下特点。

（1）常驻内存

计算机能够正常工作全都得益于操作系统的常驻内存。一旦操作系统退出内存，计算机将不能工作。

（2）庞大复杂

操作系统能管理计算机的所有资源，这些管理功能的全面性使操作系统规模庞大、结构复杂。

（3）中断驱动

操作系统的所有功能都是由中断驱动的，系统调用和外部中断都是以中断方式进入操作系统内部执行的。

（4）并发性

操作系统所管理的对象是并发的，操作系统本身的活动也是并发的。

2.1.3　操作系统的分类

按照计算机系统的不同，可以将操作系统分为以下几类。

1. 单用户操作系统

单用户操作系统的基本特征是：在一台处理机上只能支持一个用户程序的运行，系统的全部资源都提供给该用户使用。目前，多数微机上运行的操作系统都属于单用户操作系统。例如，MS-DOS 就是一个典型的单用户微机操作系统，它由 3 个模块和 1 个引导程序组成。

2. 批处理系统

批处理操作系统也称为作业处理系统。在批处理系统中，操作人员将作业成批地装入计算机中，由操作系统在计算机中某个特定磁盘区域（输入井）将其组织好，并按一定的算法选择其中的一个或多个作业，将其调入内存使其运行。运行结束后，把结果放入磁盘"输出井"，由计算机统一输出后交给用户。批处理操作系统在系统中配置了一个监督程序，并在该监督程序的控制下，系统能够对一批作业自动进行处理。

3. 分时操作系统

在批处理系统中，用户不能干预自己程序的运行，无法得知程序运行情况，对程序的调试和排错不利。为了克服这一缺点，便产生了分时操作系统。允许多个联机用户同时使用一台计算机系统进行计算的操作系统称分时操作系统。其实现思想如下：即把处理机的时间划分成很短的时间片，轮流地分配给各个终端作业使用。若在分配给它的时间片内作业仍没执行完，它也必须将 CPU 交给下一个作业使用，并等下一轮得到 CPU 时再继续执行。这样系统便能及时地响应每个用户的请求，从而使每个用户都能及时地与自己的作业交互。

4. 实时操作系统

实时操作系统是指系统能及时响应外部事件的请求，在规定的时间内完成对该事件的处理，并控制所有实时任务协调一致地运行。实时的含义是计算机对于外来信息，能够以足够快的速度进行处理，并在被控制对象允许的时间范围内做出快速响应。

2.2　Windows 7 简介

Windows 是一种基于图形界面的操作系统，随着时间的推移，其版本越来越多，但不论何种版本，其操作方法基本相似，因此从 Windows 98 到今天的 Windows 7，用户都能在极短时间内适应。

Windows 7 是由美国微软公司研制推出的版本较新的操作系统，它主要供家庭及商业工作环境、笔记本电脑、平板电脑等使用。通过使用该操作系统，可以使我们的日常操作更加快捷和简单，为用户提供高效便利的工作环境。

2.2.1　Windows 7 的特点

作为新一代的主流操作系统，Windows 7 具有以下特点。

1．个性化的桌面

Windows 7 为用户提供了更多的桌面个性化设置，如设置整体化壁纸、面板色调，定义自己喜欢的系统声音等。而且用户可以选择多张桌面壁纸，让它们在桌面上按照用户自己喜欢的播放速度像幻灯片一样播放。

2．智能化的窗口缩放

Windows 7 的智能化窗口缩放为用户实施窗口操作带来极大的便利。当用户将窗口拖到屏幕最上端时，窗口会自动最大化显示；当把最大化窗口往下拖时，它会自动还原；当把窗口拖到桌面左右边缘时，窗口会自动变成 50%的宽度，以方便用户排列窗口。

3．人性化的小工具

小工具在桌面上提供了天气、头条新闻、信息概览、时钟和日历等内容。在 Windows 7 中，可以将这些小工具放在桌面的任何位置，并且可以调整它们的大小。

4．贴心的小设计

在 Windows 7 中打开多个窗口时，若用户需要关注某一个窗口，只需要在该窗口上按住鼠标左键并微微晃动几下，其他窗口就会自动最小化；再次按住鼠标左键并微微晃动几下，其他窗口又会自动出现。

5．随时为用户提供打印服务

控制面板中的"设备和打印机"用于连接、管理和使用打印机以及其他一些设备。将设备连接到计算机后，只需单击几次鼠标即可启动并运行设备。通过"设备和打印机"可设置位置感知打印，如果网络环境发生改变，打印机会自动匹配，正确打印。

2.2.2　Windows 7 的启动和退出

1．启动系统

在 Windows 7 已经成功地安装到用户的计算机上后，要想使用该计算机，首先必须启动 Windows 7 操作系统。具体操作方法如下：

① 打开与计算机连接的外围设备（如显示器、打印机）的电源开关；

② 按下计算机主机箱上的电源开关，计算机将自动进行硬件测试，然后启动 Windows 7 操作系统。如果正常启动，系统将会进入到登录界面，用户可以通过输入所设账号进入到操作系统中。如果设置了登录密码，则登录时系统会要求用户输入密码进行身份验证，当用户输入正确的密码后，系统就会开始检测用户配置，进入"欢迎"界面，几秒钟后，出现 Windows 7 的桌面，如图 2-1 所示。

2．退出 Windows 7

退出 Windows 7 操作系统就意味着关机。计算机的关机与其他电器设备不同，不能简单地以关闭计算机电源的方式断电关机，因为这么做常常会导致硬件损坏及数据丢失。因此正确的关机方法是：

图 2-1　Windows 7 界面

　　① 保存相应的个人文档和信息。

　　② 单击"开始"|"关机"命令按钮 ▮▮▮▮关机▮▮▮▮，计算机会自动关闭所有正在运行的程序并保存系统设置，然后断开电源开关。

　　若单击关闭按钮右侧的三角箭头，会弹出与关机相关的一系列操作，具体如下：

- 切换用户：在计算机用户账户中同时存在两个及以上的用户时，通过切换用户，可以回到欢迎界面，保留原用户的操作，进入到其他用户操作界面。
- 重新启动：重新启动计算机。
- 注销：向系统发出清除现在登录的用户的请求，清除后即可使用其他用户来登录系统。
- 锁定：在临时离开时锁定计算机，保护用户的个人信息。
- 睡眠：是 Windows 7 内置的一种节能模式 ，进入睡眠模式的计算机，内存部分保持供电，其他部件则全部停止工作，整台计算机处于最低功耗状态。
- 休眠：指将内存中的数据暂时保存在硬盘中，然后切断内存的电源。此时计算机并没有真正关闭，而是进入一种低耗能状态。需要从休眠状态唤醒机器时，一般只需按动电源开关，有的机器也可通过按键盘上的任意键唤醒。

2.2.3　Windows 7 的桌面

　　Windows 7 系统启动成功后所看到的整个屏幕画面就是桌面。它是用户和计算机进行交流的主界面，主要由桌面图标、任务栏、"开始"按钮、语言栏、桌面背景等组成，如图 2-1 所示。

1．桌面图标

　　桌面图标是代表程序、文件或文件夹等各种对象的小图像。用图标来区分不同类型的对象，用户能很容易地添加新的图标和删除不再使用的图标。

　　用鼠标单击图标，该图标及其下方的说明文字的颜色将会变淡，表示该图标被选中。将鼠标悬停在图标上方，稍后即可看到图标的详细文字说明；双击桌面上的图标，即可打开文件、文件夹或者启动应用程序。

　　桌面上常见的图标有系统图标、应用程序图标、快捷方式图标和文件夹图标。

（1）系统图标

①"Administrator"图标：是存放文档、图表以及其他个人数据的默认文件夹，这里经常会保存着你的重要数据。

②"计算机"图标：计算机对硬盘驱动器、文件夹和文件的管理窗口。

③"网络"图标：是用来访问其他计算机上的资源途径，可查看工作组中的其他计算机、网络位置及添加网络位置等工作。

④"回收站"图标：在回收站中暂时存放着用户已经删除的硬盘上的文件或文件夹等一些信息，当用户还没有清空回收站时，可以从中还原删除的文件或文件夹。

（2）应用程序图标

应用程序图标是在安装应用程序时产生的桌面图标，用于快速启动程序，双击该图标即可启动应用程序。

（3）快捷方式图标

快捷方式图标是用户在使用过程中自行添加的快速启动图标（在其左下方一般会有一个小箭头），双击该图标可启动应用程序。

（4）文件夹图标

文件夹图标是存放文件或子文件夹的场所，由用户自行建立，用于分类管理桌面上的图标。

2. 任务栏

任务栏位于屏幕的最底部，从左到右分别有开始按钮、快速启动栏、任务栏、语法栏、通知区域等，如图 2-2 所示。

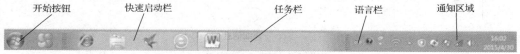

图 2-2　Windows 7 的任务栏

在 Windows 7 中启动某个程序后，系统会自己将该图标显示在任务栏中，而且同一个程序的不同窗口将自动归入群组，鼠标移到图标上时会出现已打开窗口的缩略图，单击此图标便会打开该窗口，这让任务栏的操作更加简便。

（1）开始按钮

开始按钮位于任务栏的最左端，单击后可以打开"开始"菜单。

（2）快速启动栏

快速启动栏中常常放置一些最常用的程序图标，单击这些图标即可启动相应的程序。

（3）窗口任务栏

当启动一个程序或打开一个窗口后，系统就会在任务栏中增加一个窗口任务按钮，单击窗口任务按钮，即可启动该窗口的呈现状态。

（4）语言栏

用于决定用户输入文字的输入法及中、英文输入状态。

（5）通知区域

通知区域用于显示当前系统的时间、正在后台运行的程序状态及提示图标等。

2.2.4　窗口的组成与基本操作

1. 窗口的组成

窗口是 Windows 系统的重要组成部分，是 Windows 的特点和基础。当打开文件夹或运行应用程序时，屏幕上会出现一个矩形区域，该区域就是窗口。

　　窗口按用途可以分为文件夹窗口、应用程序窗口和文档窗口 3 类，各类窗口的组成风格非常相似，体现了 Windows 系统的统一风格。

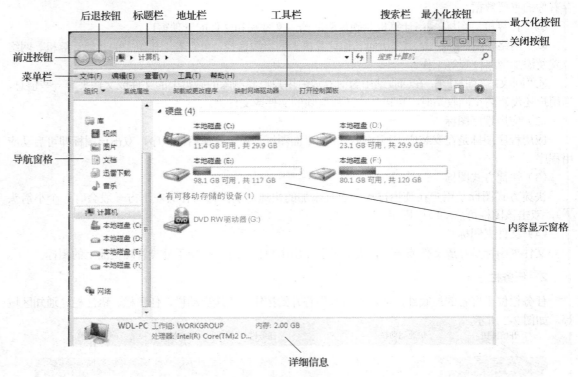

图 2-3　Windows 窗口

　　窗口一般由以下几部分组成。

　　① 标题栏：位于窗口的最上方用于显示窗口的名称。

　　② 菜单栏：位于标题栏的下方用于显示对应的应用程序的各种命令，一般还有各级下拉菜单。

　　③ 工具面板栏：windows 7 的工具面板则可视作新形式的菜单，其标准配置包括"组织"等诸多选项，其中"组织"项用来进行相应的设置与操作，其他选项根据文件夹具体位置不同，在工具面板栏中还会出现其他的相应工具项，如"回收站"窗口，会出现"清空回收站"、"还原项目"的选项；而在浏览图片窗口，则会出现"放映幻灯片"的选项；浏览音乐或视频文件窗口，会出现相应的播放按钮。

　　④ 地址栏：即常说的路径，显示窗口或文件所在的位置。

　　⑤ 搜索栏：用于搜索相应的程序或文件。在其中输入内容后，按"Enter"键就可以搜索到相应的结果。

　　⑥ 导航窗格：显示当前文件夹中所包含的文件夹列表。

　　⑦ 内容显示窗格：用于显示信息的区域。

　　⑧ 最小化按钮：单击该按钮，使窗口最小化到任务栏上。

　　⑨ 最大化按钮：单击该按钮，窗口扩大并占满整个屏幕，此时最大化按钮变为还原按钮，单击还原按钮则将最大化的窗口还原为原来窗口的大小。

　　⑩ 关闭按钮：单击该按钮，可关闭此窗口。

　　⑪ 前进按钮：单击该按钮，回到前一步操作的窗口。

⑫ 后退按钮：单击该按钮，回到操作过的下一步操作的窗口。

2．窗口的基本操作

对窗口的操作包括窗口的最大化和最小化，调整窗口大小，移动窗口，关闭窗口，下面分别介绍它们的含义和操作步骤。

（1）改变窗口大小

可以用键盘和鼠标两种方法来改变窗口大小。

自己动手

利用鼠标改变"计算机"窗口的大小。

具体操作步骤如下。

第一步：将鼠标指针指向桌面上的"计算机"图标，双击（或右键单击选"打开"命令）。

第二步：将鼠标移到窗口的边框或四角。使鼠标指针变成↕、↔、↘和↗的形状；按住鼠标左键拖动，即可改变窗口的大小。

当然，也可使用键盘改变窗口大小，具体操作为：按"S"键，鼠标会变成双箭头形状，可以用箭头移动窗口的四角或边框；用方向键来上、下、左、右移动箭头，即可改变窗口的大小；调整好窗口的大小后，按"Enter"键。

（2）最大化和最小化窗口

最大化窗口后，窗口会占据整个屏幕；最小化窗口后，窗口会最小化到任务栏。

① 使用鼠标最大化和最小化操作：单击标题栏右上角的"最大化"按钮，或"最小化"按钮即可。

② 使用键盘最大化和最小化操作：最大化，Win+向上箭头键；最小化，Win+向下箭头键。

（3）还原窗口

还原窗口时可执行如下操作：最大化窗口的还原，可单击标题栏右侧的"还原"按钮；最小化窗口的还原，需单击任务栏上该窗口对应的按钮。

（4）关闭窗口

完成了窗口操作以后要关闭窗口，以释放内存资源。关闭窗口的操作主要有以下几种：

① 单击窗口右上角的关闭按钮。

② 单击窗口左上角的控制菜单图标，在弹出的控制菜单中选择"关闭"命令。

③ 双击窗口左上角的控制菜单图标，可直接关闭窗口。

④ 单击"文件"|"退出"命令。

⑤ 同时按下"Alt+F4"键。

（5）移动窗口

当桌面上出现多个重叠窗口时，可以通过移动窗口到合适位置，以便同时看到更多窗口的内容。具体操作主要有如下几种。

① 使用鼠标操作：将鼠标移动到窗口的标题栏处，按住鼠标左键拖动，可将窗口移动到合适位置。

② 使用键盘操作：使用键盘移动窗口，可执行如下操作：同时按下"Alt+ Space"键打开控制菜单；按"M"键，鼠标形状会变为四边形↔，可用光标移动控制键上、下、左、右移动来改变窗口的位置；最后按"Enter"键结束调整。

（6）切换窗口

切换窗口是多窗口操作中最常用的操作。可以使用按钮法和快捷键法实现。

自己动手

利用快捷键法实现"计算机"窗口、"回收站"窗口和"网络"窗口的切换。

图 2-4　窗口切换板

具体操作步骤如下。

第一步：分别打开"计算机"、"回收站"和"网络"窗口。

第二步：按住"Alt+Tab"快捷键，会弹出一个切换板，如图 2-4 所示。

第三步：按住"Alt"键不放，按"Tab"键依次移动，选择所需窗口即可。

当然，也可以使用按钮法：当用户打开多个窗口时，在任务栏上会显示各个窗口所对应的以最小化形式显示的程序按钮，单击这些按钮可以实现各个窗口的切换。

2.2.5　对话框的基本操作

对话框是特殊类型的窗口，是用户与系统或应用程序进行交流的桥梁，运行程序及执行某些操作时，系统通常会通过对话框询问用户是否执行该操作，经用户确认后系统才会继续执行。图 2-5 所示的"页面设置"对话框是一个典型的对话框，其中包含标签、命令按钮、选项卡、下拉列表等成分。各种对话框因其功能与作用不同，其形状、内容与复杂程度也各不相同。

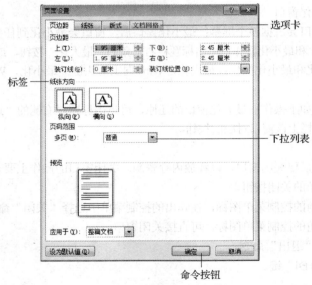

图 2-5　"页面设置"对话框

1. 对话框的组成

对话框由标题栏和一些控件元素组成，对话框内常见的控件元素如下。

① 标签：又称选项卡。主要用于多个栏目之间的切换，不同的标签对应不同的栏目。标签的作用在于使一个对话框中可以安排更多的内容，而且按其内容进行分类，单击标签可在各栏目之间切换。

② 列表框：显示选择列表供用户选择。如果列表框容纳不下所列的信息项，则会伴有滚动条。通常只能选中一项，单击该项即可。图 2-5 中未包含列表框，可参阅其他对话框。

③ 下拉列表框：为一长条矩形框，并在其右边有一个箭头标志，称为下拉按钮。单击下拉按钮，出现具有多个选项的列表，可以从中选择其一。

④ 单选按钮：标识一组互斥的选项，同一时间只能在多个选项中选中其中一项，单选钮的标志是选项前带有"●"，单击后变成"●"表示被选中。

⑤ 复选框：标志着一组可复选的选项，供用户进行多项选择，"☑"表示选中，"□"表示不选。单击可以选中或取消选中。

⑥ 数值框：用于输入数值信息，可单击该框右边的增量/减量按钮来调整框中的数值。

⑦ 文本框：可用于接受输入的文字信息，当鼠标指针指向该框时变成"Ｉ"形状，单击落下插入点后，就可由键盘输入文字信息了。

⑧ 命令按钮：一般对话框中都包含"确定"、"取消"等按钮。不同的对话框，命令按钮也会有所不同。单击对话框中的"确定"按钮，确认刚才的操作，同时关闭对话框；单击"取消"、"关闭"或按"Esc"键则取消刚才的操作，同时也关闭对话框。

2．对话框的特点

对话框具有以下特点：

① 无菜单栏和窗口控制图标。

② 没有最大化、最小化、还原按钮。

③ 不能改变大小，但可以移动位置。

④ 单击标题栏右边的按钮，可获取对话框中各控件元素的帮助信息。

⑤ 某些对话框在关闭之前不接受应用程序的任何操作。

2.2.6　菜单的基本操作

菜单是命令的集合。在 Windows 7 的操作过程中，菜单会根据操作情况的不同而出现不同的状态。

1．菜单的一般操作

（1）打开菜单

单击菜单栏上的菜单项即可打开菜单，也可使用键盘上的"Alt"键加上菜单名字后面的字母打开相应菜单。

（2）关闭菜单

在选中的菜单以外的任意空白处单击鼠标左键即可关闭菜单，也可按下"Esc"键关闭菜单。

（3）右键快捷菜单

选中操作对象，右击，即弹出快捷菜单。值得注意的是：所选的对象不同将会弹出不同的快捷菜单。

2．菜单的约定

（1）变灰的菜单项

当某个菜单项的执行条件不具备时，则此菜单项为灰色的，表示其无效，如图 2-6 所示；一旦条件具备立即恢复为正常的黑色状态。

（2）带有"…"的菜单项

选中此菜单项，将弹出一个对话框，要求用户输入信息做进一步操作。

（3）右侧带有"▶"的菜单项

选中此菜单项，将弹出一个下拉式菜单，供用户进一步选择。

（4）名字后带快捷键的菜单项

对名字后带快捷键的菜单项，可直接按下快捷键执行相应的命令，如"Ctrl＋N"可以完成新建操作。

（5）右侧带有"√"的菜单项

此菜单表示在两种状态之间切换，如图 2-7 所示。

（6）名字前带有"●"的菜单项

此菜单表示在它的分组菜单中，各个命令是单选的关系，同时只能有一个且必定有一个被选中。

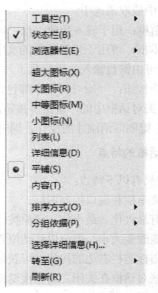

图 2-6　正常与变灰菜单　　　　　　图 2-7　带有"√"和"●"的菜单项

2.3　Windows 7 的文件和文件夹管理

计算机中的数据都是以文件的形式存储的，而文件夹是用来存放文件的。通过对文件和文件夹进行管理，可使计算机中存储的数据更加井井有条，方便随时打开使用。

2.3.1　文件和文件夹的基本概念

所有保存在计算机上的信息都是以文件的形式组织和存储的，为了提高管理效率，用户常常需要创建文件夹来组织同类文件，所以文件和文件夹是计算机中较为重要的概念。

1. 文件的概念

文件是存储在计算机存储设备上的一组相关信息的集合，这一组相关信息可以是程序、文本或数据资料。每个文件必须有名字，操作系统对文件的组织和管理都是通过文件名展开的。

2. 文件的命名规则

在 Windows 7 中，文件名的命名要遵循以下规则：

① 文件名由文件主名和扩展名两部分组成，其格式可以表示为：

〈文件主名〉[〈. 扩展名〉]

文件主名和扩展名之间用"."隔开，扩展名部分可以省略。

② 总长度不能超过 255 个 ASCII 码字符。

③ 文件名中不能出现<、 >、 / 、 \ 、 " 、 : 、 *、 ?等字符。

④ 不区分大小写。

⑤ 一个文件夹中不能有相同名字的文件和文件夹。

3．文件的类型

存储在计算机中的文件有许多类型，如图片文件、音乐文件、视频文件、文本文档、可执行文件等。不同类型的文件其图标和扩展名是不同的。文件的扩展名代表文件的类型，常用的文件扩展名及其类型如表 2-1 所示。

表 2-1　常用文件扩展名及类型

扩　展　名	文　件　类　型	扩　展　名	文　件　类　型
.COM	可执行的命令文件	.AVI	视频剪辑
.EXE	可执行的二进制代码文件	.MP3	音乐文件
.TXT	文本文件	.HTML	网页文件
.HLP	帮助文件	.SYS	系统文件
.RAR	压缩文件	.PPTX（PPT）	演示文稿
.BMP	位图文件	.XLSX（XLS）	Excel 工作簿
.JPG	静态图像文件	.DOCX（DOC）	Word 文档

4．通配符

进行文件操作时，尤其是搜索文件时，文件名中可以使用通配符来表示一批文件。通配符有"?"和"*"两个，它们出现在文件名中代表的含义如下。

● ?：代表其所在的位置可以是任意一个字符；
● *：代表其所在的位置可以是任意多个字符。

注意：它们只能用于成批的文件搜索、文件复制、文件移动与文件删除等，不能用于文件的命名。

5．文件或文件夹的显示模式

文件或文件夹图标有 5 种显示模式。

① 超大图标：以比较大的图标表示，图标名称显示在图标的下方。
② 大图标：以较大的图标表示，图标名称显示在图标的下方。
③ 中等图标：以中等的图标表示，图标名称显示在图标的下方。
④ 小图标：以较小的图标表示，图标名称显示在图标的右方。
⑤ 列表：与"小图标"模式相似，但无法任意移动位置。
⑥ 详细资料：与"列表"模式相似，只是在文件名称外还增加了文件大小、类型及修改日期等信息。

2.3.2　资源管理器

资源管理器是 Windows 7 所提供的实现对计算机上的资源进行管理的工具和界面，用户利用它可以方便地查看本计算机上的所有资源，特别是通过它所提供的树形目录管理结构，使用户可以更为直观、有效地管理计算机上的文件和文件夹，同时还可以十分方便地对文件和文件夹进行诸如复制、移动、删除等操作。

1．启动资源管理器

在 Windows 7 中启动资源管理器主要有以下 4 种方法。

① "计算机"图标法：双击桌面上的"计算机"图标，就直接启动了资源管理器，如图 2-8 所示。
② "开始"菜单法：单击"开始"菜单，选中"所有程序"里"附件"中的"Windows 资源管理器"，如图 2-9 所示。

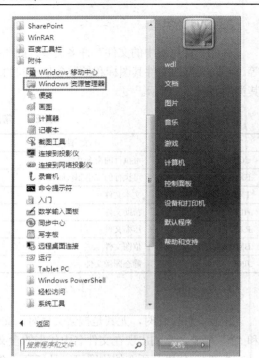

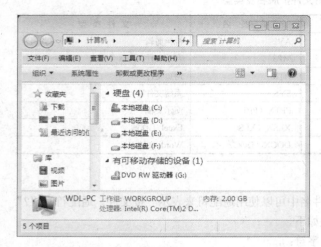

图 2-8　"资源管理器"窗口　　　　　图 2-9　"开始"菜单中的"Windows 资源管理器"命令

③ 右击法：移动鼠标到"开始"按钮上，单击鼠标右键，在弹出的快捷菜单中选择"打开 Windows 资源管理器"。

④ 快捷键法：按"　　+E"组合键。

2．认识资源管理器

（1）地址栏

地址栏是 Windows 7 与以前的 Windows 保持一致的窗口组件。通过地址栏，用户可以十分清楚地知道当前打开的文件夹名称，同时也可以通过在地址栏中输入网络 IP 地址或域名，打开相应的网页；通过输入磁盘上某文件的地址，快速打开文件。

同时 Windows 7 的地址栏上还增加了"按钮"的概念。例如，在资源管理器中打开"C:\Boot"文件夹，则地址栏上就会出现如图 2-10 所示的按钮，单击相应的按钮，就会切换到相应的窗口。

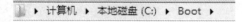

图 2-10　地址栏呈现的按钮表示

（2）搜索框

由于计算机中的资源太多，为了方便用户，Windows 7 在其"资源管理器"窗口的右上角增加了一个搜索框。该框除了保持以前传统的搜索功能外，还增加了动态搜索的能力，即一旦用户在框中输入关键字的一部分，则搜索立即开始，随着关键字的完善和增加，搜索的内容会不断更新，直到搜索出所需要的内容。

（3）导航窗格

导航窗格位于"资源管理器"的左侧，里面包含"收藏夹"、"桌面"、"库"和"网络"4 部分内容。其中，"库"是 Windows 7 进行文件管理模式的一大创新。所谓"库"就是专用的虚拟视图，用于管理文档、音乐、图片和其他文件的位置。用户可以将磁盘上不同位置的文件夹添加到库中（这种添加类似于网页收藏夹），用户只要单击库中的链接，就能快速打开添加到库中的文件夹，极大地提高了计算机操作效率。

（4）内容窗格

内容窗格位于"资源管理器"右侧，里面包含了左侧选中对象所含的文件和文件夹。特别是当左侧选中"计算机"时，右侧窗格中就可以看到各种相应的图标，例如软盘驱动器图标、硬盘驱动器图标、文件夹图标等。电脑中通常包括软盘、硬盘和光盘 3 种类型的驱动器。

- 软盘驱动器：软盘驱动器又称软驱，通常用大写英文字母"A"表示，简称 A 区，用来管理软盘中的文件。
- 硬盘驱动器：硬盘驱动器通常用 C 表示，简称 C 盘。如果用户在电脑中安装了几块硬盘，或在同一块硬盘中有不同的分区，则会有 D 盘、E 盘、F 盘等。
- 光盘驱动器：光盘驱动器简称光驱，用于读取光盘中的数据。通常光驱符号紧接在硬盘驱动器符号之后。

（5）菜单栏

Windows 7 的"资源管理器"窗口的菜单栏既可以显示，也可以隐藏，其控制权在"工具面板栏"下的"组织"下的"布局"下。

3．Windows 7 资源管理器的特点

相比以前的版本，Windows 7 资源管理器具有以下特点：

① 增加了"库"这种组织文件形式，使用户访问文件更快捷。

② 文件图标可以更大。

③ 新增了一个可以显示或隐藏当前文件内容的预览按钮▢▢。一旦选中该按钮，就会出现一个预览窗格，不用打开文件就可知道文件内容，如图 2-11 所示。

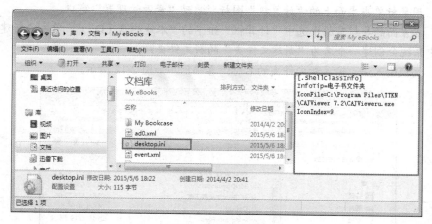

图 2-11　预览窗格

2.3.3　文件的基本操作

1．选定文件/文件夹

对文件或文件夹进行移动、复制、删除等操作之前，要先选定进行操作的文件或文件夹。选定方法如下：

（1）选定一个文件/文件夹

单击要选定的文件/文件夹图标即可。文件或文件夹一旦被选中，就呈现浅蓝底色并高亮显示。

（2）选定多个连续的文件/文件夹

方法一：用鼠标单击要选定的第一个文件/文件夹，然后按住"Shift"键，单击要选定的最后一个文件/文件夹。

方法二：按住鼠标左键拖动鼠标，出现一个虚线框，松开鼠标按钮，将选中虚线框中的所有文件/文件夹。

（3）选定多个不连续的文件或文件夹

按住"Ctrl"键，同时用鼠标逐个单击要选定的文件/文件夹。

（4）选定所有文件或文件夹

单击"编辑"菜单下的"全部选定"命令，或按"Ctrl+ A"组合键。

2．新建文件和文件夹

用户可以用最快的速度创建一个 Windows 默认识别的空白文件，当然也可以在磁盘的特定位置建立各级文件夹实现对文件的管理。

（1）新建文件夹

首先确定创建文件夹的位置，然后选择"文件"菜单中的"新建文件夹"命令（或单击鼠标右键，在弹出的快捷菜单中选择"新建文件夹"命令或直接单击"新建文件夹"工具）即可，最后输入新文件夹名称完成创建。

自己动手

在 D: 根目录下新建一个以用户姓名为名称的文件夹（假设用户姓名为"喜福乐"）。

具体操作步骤如下。

第一步：用鼠标单击桌面上的"计算机"图标，启动"资源管理器"窗口。

第二步：在左面的导航窗格中选中"计算机"组下的"本地磁盘（D:)"，单击"新建文件夹"按钮，在窗口中系统会创建一个名为"新建文件夹"的新文件夹。

第三步：切换输入法，输入新文件夹的名称：喜福乐，如图 2-12 所示。

图 2-12　在 D:根目录创建文件夹

（2）新建空文件

首先确定创建文件的位置，然后选择"文件"菜单中的"新建"命令，在弹出的下拉菜单中选择新建文件类型，或右键单击弹出快捷菜单，在新建的子菜单中选择新建文件类型，即可创建一个新文件。

自己动手

在上面所创建的以用户姓名为名称的文件夹中新建一个名为"旅游攻略"的 Word 文档。

具体操作步骤如下：

第一步：用鼠标单击桌面上的"计算机"图标，启动"资源管理器"窗口。

第二步：在左面的导航窗格中选中"计算机"组下的"本地磁盘（D:）"。

第三步：在右面的内容窗格中，双击"喜福乐"图标，打开"喜福乐"文件夹。

第四步：在右侧内容窗格空白处单击鼠标右键，在弹出的快捷菜单中选择"新建"，在其子菜单中选择"Microsoft Word 文档"，窗格中即刻呈现出一个名为"新建 Microsoft Word 文档.docx"的 Word 文档。

第五步：切换输入法，将"新建 Microsoft Word 文档"文字删除，输入新文件的名称：旅游攻略，如图 2-13 所示。

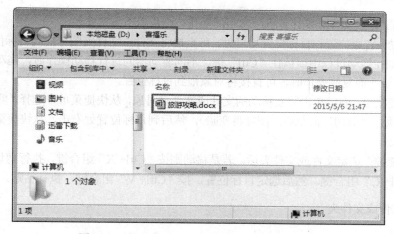

图 2-13　在"喜福乐"文件夹中新建 Word 文档

3．重命名文件/文件夹

当用户对所创建的文件或文件夹名称不满意时，可对其进行重命名，将文件或文件夹重新命名为用户便于记忆的名称，其具体操作步骤如下。

自己动手

将文件夹"喜福乐"更名为"我的第一个文件夹"。

具体操作步骤如下。

第一步：选择要重命名的文件或文件夹（在此选中"喜福乐"文件夹）并单击鼠标右键，在弹出的快捷菜单中选择"重命名"命令。

第二步：在文件夹周围出现一个方框，并且名称呈反白状态。在该方框中输入所需的文件夹名称：我的第一个文件夹，按"Enter"键确认，如图 2-14 所示。

图 2-14　更名后的文件夹

4. 复制文件/文件夹

复制与移动文件或文件夹是计算机中常用的操作，常用以下方法实现。

- 鼠标拖动：若原位置和目标位置均可见，可直接将文件或文件夹图标拖到目标位置；若是复制操作，则在拖动过程中需按住"Ctrl"键。不同驱动器间进行移动操作时，拖动过程中需按下"Shift"键；而复制操作时，可直接将对象拖到目标位置。
- 利用快捷菜单：右键单击需要移动的文件或文件夹对象，从快捷菜单中选择"剪切"或"复制"命令（执行"剪切"命令后，图标将变暗），然后到目标位置处右击，从快捷菜单中选择"粘贴"命令。
- 利用快捷键：选定文件或文件夹后，若是移动则按"Ctrl+ X"组合键，执行剪切；若是复制则按"Ctrl+ C"组合键。然后选定目标位置，按"Ctrl+ V"组合键，执行粘贴。

（1）复制文件或文件夹

自己动手

将文件夹"我的第一个文件夹"中的文件"旅游攻略.docx"复制到桌面上。

具体操作步骤如下。

第一步：打开 D:\我的第一个文件夹，选中"旅游攻略.docx"文件，单击鼠标右键，在弹出的快捷菜单中选择"复制"命令。

第二步：回到桌面，单击鼠标右键，在弹出的快捷菜单中选择"粘贴"命令即可。

（2）移动文件或文件夹

自己动手

将文件夹"我的第一个文件夹"移到桌面上。

具体操作步骤如下。

第一步：打开 D 盘，选中"我的第一个文件夹"文件夹，按"Ctrl+ X"组合键。

第二步：回到桌面，按"Ctrl+ V"组合键，执行粘贴即可。

5. 删除与恢复文件或文件夹

选定要删除的对象，然后按"Del"键。或者右键单击要删除的对象，从快捷菜单中选择"删除"命令。若删除的是硬盘上的文件或文件夹，则一般会将其送入"回收站"。

放入回收站的文件或文件夹并没有被真正删除。如果需要，可以打开回收站，右击需要还原的文件或文件夹，从快捷菜单中选择"还原"命令，则该文件或文件夹就会恢复到删除前的位置。

若要将文件或文件夹真正从磁盘中删除，可以在回收站中右击该文件或文件夹，从快捷菜单中选择"删除"命令，或选择"文件"菜单中的"清空回收站"命令，将删除回收站的所有文件或文件夹。若不希望文件或文件夹进入"回收站"，则选定后，按"Shift+ Del"键，可以直接从硬盘中删除而不送入回收站。

（1）删除文件和文件夹

自己动手

删除桌面上的文件"旅游攻略.docx"和文件夹"我的第一个文件夹"。

具体操作步骤如下。

第一步：回到桌面，选中"我的第一个文件夹"文件夹，按住"Ctrl"键不松手。单击"旅游攻略.docx"文件。

第二步：单击鼠标右键，在弹出的快捷菜单中选择"删除"命令即可。

（2）还原文件和文件夹

自己动手

将"回收站"中的文件夹"我的第一个文件夹"还原。

具体操作步骤如下。

第一步：打开"回收站"，选中"我的第一个文件夹"文件夹。

第二步：单击鼠标右键，在弹出的快捷菜单中选择"还原"命令，此时该文件夹就从"回收站"中消失，在桌面上就会出现该文件夹。

6. 查看与设置文件或文件夹属性

文件除了文件名外，还有大小、占用空间等相关信息，这些信息称为文件属性。文件或文件夹通常包含 3 种属性：只读、隐藏和存档。若将文件或文件夹设置为"只读"属性，则该文件或文件夹不允许被修改；若将文件或文件夹设置为"隐藏"属性，则该文件或文件夹在常规显示中看不到；若将文件或文件夹设置为"存档"属性，则表示该文件或文件夹可编可改。要设置文件或文件夹的属性，方法是：选中需要的文件或文件夹并单击鼠标右键，从快捷菜单中选择"属性"命令，打开属性窗口，如图 2-15 所示。

在其中可以实现这 3 个属性的设置，不过，存档属性设置要在"高级"按钮下完成，而"隐藏"属性设置后，还要通过"文件夹选项"对话框的设置来决定隐藏文件或文件夹是否可见，如图 2-16 所示。

在文件夹属性窗口的"共享"选项卡中，可以将该文件夹设置为是否成为本机其他用户或网上共享的资源。

自己动手

设置桌面上的文件夹"我的第一个文件夹"为"隐藏"，并保证其不可见。

具体操作步骤如下。

第一步：选中桌面上的"我的第一个文件夹"文件夹，单击鼠标右键，在弹出的快捷菜单中选择"属性"。

第二步：在弹出的图 2-15 所示的属性设置对话框中勾选"隐藏"。

第三步：双击桌面上的"计算机"图标，在"资源管理器"窗口中单击"工具"下的"文件夹选项"（若"菜单栏"没有显示，可以通过"组织"下的"布局"下勾选"菜单栏"实现显示"菜单栏"或直接单击"组织"下的"文件夹和搜索选项"），在弹出的图 2-16 所示的"文件夹选项"对话框中，选中"查看"选项卡，在"高级设置"下拉列表框中的"隐藏文件和文件夹"下选中"不显示隐藏的文件和文件夹"。

第四步：单击"确定"按钮即可。

图 2-15　文件夹属性窗口　　　　　　　　图 2-16　"文件夹选项"对话框

7. 文件或文件夹的查找

计算机中文档、照片、视频、程序等文件成千上万，有时可能会忘记文件的存放位置，要想自己手动地一个一个查找，不仅耗费精力大，而且花的时间长。此时可以通过 Windows 7 所提供的强大搜索功能，帮助用户快速找到所要的文件和文件夹。Windows 7 提供了以下几种搜索方法。

（1）利用开始菜单

单击"开始"菜单，可以看到"开始"菜单下侧的搜索框，在搜索框内输入搜索的文件名，输入名字的一部分，就会即时出现搜索结果。此时可以尽可能地输入完整的文件名，系统会帮你进一步锁定搜索的范围。搜索结果自动进行分类，可以单击其中的一项类型来展开搜索结果，如图 2-17 所示。

（2）利用窗口的搜索框

窗口搜索框只能搜索当前位置下的所有文件。在窗口搜索结果单中会将关键字位置表示出来（高亮），直观地显示匹配之处。

自己动手

搜索计算机内名称中含有"qq"的文件和文件夹。

具体操作步骤如下。

第一步：单击桌面"计算机"，在打开窗口的右上侧可看到搜索框，在框中输入文件名称：qq。

第二步：在内容窗格中即刻显示出名称中含"qq"的所有文件和文件夹信息，如图 2-18 所示。

第三步：若觉得搜索的内容太多，可以对搜索内容进行筛选，以便进一步精确地查找。方法是：单击内容窗格中"名称"右边的下三角按钮，在弹出的下拉列表中可以看到数字或字母选项，如图 2-19 所示，选中合适的选项即可对内容进行筛选。

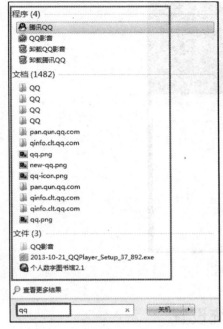

图 2-17　利用开始菜单实现搜索　　　　　图 2-18　利用窗口搜索框实现搜索

8. 创建文件的快捷方式

（1）快捷方式的概念

文件的快捷方式是为一些最常用的文件建立一种快速打开的方法，是一种占用空间为 4kB 的特殊文件，该文件中存放的是一个指向其真实文件地址的指针，即为该文件建立了一种文件链接，因此删除快捷方式并不会删除文件本身。

图 2-19　筛选文件

快捷方式的图标特征是：左下角有一个向上翻转的小箭头，打开或运行快捷方式即可打开或运行所指向的文件。

（2）快捷方式的创建

可以在桌面和任何窗口中为一个文件或文件夹创建其快捷方式，快捷方式的名字可以和原文件或文件夹同名，也可以不同名。其创建方法是：选中需创建快捷方式的位置，单击鼠标右键，在弹出的快捷菜单中选"新建"，在其子菜单中选"快捷方式"，启动快捷方式向导，利用向导逐步创建即可。不过 Windows 7 为在桌面创建快捷方式提供了更为便利的办法。

自己动手

将桌面上的"我的第一个文件夹"文件夹移回到 D:\，然后为其在桌面创建快捷方式，名称保持不变。

具体操作步骤如下。

第一步：选中桌面上的"我的第一个文件夹"，单击鼠标右键，在弹出的快捷菜单中选择"剪切"。

　　第二步：打开 D 盘，在其内容窗格空白处单击鼠标右键，在弹出的快捷菜单中选择"粘贴"。

　　第三步：选中 D:上的"我的第一个文件夹"，单击鼠标右键，在弹出的快捷菜单中选择"发送到"，在其子菜单中选中"桌面快捷方式"命令即可，如图 2-20 所示。

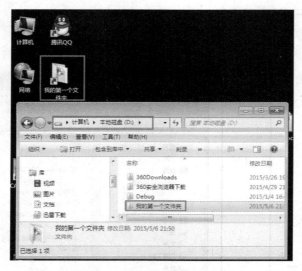

图 2-20　在桌面创建快捷方式

2.4　Windows 7 的系统设置

2.4.1　控制面板的启动

　　控制面板是用来控制 Windows 7 的各项系统设置的一个工具集，通过使用控制面板，可以个性化显示属性、键盘和鼠标、日期和时间、字体等设置，以方便用户，从而提高工作效率。

　　启动"控制面板"窗口有以下两种方式。

　　① 打开"计算机"窗口，单击菜单栏中的"打开控制面板"命令，如图 2-21 所示。

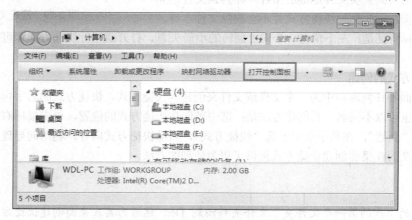

图 2-21　"计算机"窗口的"打开控制面板"命令

　　② 单击"开始"按钮，在弹出的菜单中选择"控制面板"命令，如图 2-22 所示。

　　以上两种方法均可打开"控制面板"窗口，如图 2-23 所示。

图 2-22　"开始"菜单中的"控制面板"　　　　　　图 2-23　"控制面板"窗口

　　"控制面板"窗口提供了"类别"视图与"图标"视图模式，而"图标"视图又分为"大图标"和"小图标"两种视图，各视图模式可以利用窗口中的"查看方式"选项切换。

2.4.2　个性化的显示属性设置

　　在控制面板窗口中，首先切换到"小图标"视图，双击"个性化" 图标，打开"个性化"窗口，如图 2-24 所示。

图 2-24　"个性化"窗口

1. 改变桌面主题

桌面主题是一套预定义的图标、字体、色彩、声音和其他窗口元素的集合。

在"更改计算机上的视觉效果和声音"中可以看到多套 Windows 7 自带主题，默认情况下，Windows 7 中已经提供了"Windows 7"、"建筑"、"人物"、"风景"、"自然"和"场景" 6 套不同的 Aero 主题，用鼠标单击任意一套主题，就可以马上看到效果。

2. 设置桌面背景

在"个性化"窗口中单击"桌面背景"按钮，即可进入设置界面。界面中列出了 Windows 7 提供的背景。在"背景"列表框中，单击所需图片，单击"保存修改"按钮，桌面自动更换新背景。用户如果对 Windows 7 提供的背景不满意，还可以使用自己的图片文件，具体做法是：单击"浏览"按钮，打开"浏览"对话框，选择图片文件后单击"打开"按钮。

如要更多地展示图片，可开启 Windows 7 的桌面壁纸以放映幻灯片形式更换的功能。通过这个功能可以按一定时间在选中的桌面背景间自动进行切换。

3. 桌面图标管理

通过"个性化"窗口，可以对桌面图标进行管理。方法是：单击"更改桌面图标"按钮，打开"桌面项目"对话框，如图 2-25 所示。最上面的 5 个复选框分别对应 5 个重要图标，如果被选中，则在桌面上显示相应的图标；中间部分用来更改系统图标。

4. 屏幕保护程序

在实际工作中用户可能暂时中断操作，但又不打算关机，为保护屏幕，可设置屏幕保护程序。用户一旦设置屏保成功，计算机在等待一定时间没有对计算机进行操作后，会启动屏幕保护程序，隐去用户界面，让动态图像显示在屏幕上，起到保护屏幕的作用，如图 2-26 所示。具体操作方法是：单击"屏幕保护程序"按钮，在"屏幕保护程序"窗口中选择需要的屏幕保护程序，设置"等待"时间，单击"应用"按钮。

图 2-25 "桌面图标设置"对话框

图 2-26 "屏幕保护程序设置"对话框

5．窗口颜色

外观包括桌面、窗口、菜单、图标、信息框、标题栏、窗口边框、标题按钮、滚动条等，设置的参数包括大小、颜色、字型、字体等。其设置方法为：单击窗口中的"窗口颜色"按钮，在弹出的"窗口颜色和外观"对话框中进行设置，如图 2-27 所示。

6．设置屏幕分辨率

屏幕分辨率指的是屏幕上显示的文本和图像的清晰度。分辨率越高（如 1280×800 像素），显示越清晰，同时屏幕上的对象越小，因此屏幕可以容纳越多的对象。分辨率越低（如 800×600 像素），在屏幕上显示的对象越少，尺寸越大。可以使用的分辨率取决于监视器支持的分辨率。

更改屏幕分辨率的步骤如下：

① 单击"个性化"窗口中的"显示"命令。

② 单击"调整分辨率"命令，弹出"屏幕分辨率"窗口，如图 2-28 所示。

③ 单击"分辨率"旁边的下拉列表，将滑块移动到所需的分辨率，然后单击"应用"按钮。

④ 单击"保持更改"使用新的分辨率，或单击"还原"回到以前的分辨率。

注意：更改屏幕分辨率会影响登录到此计算机上的所有用户。如果将监视器设置为它不支持的屏幕分辨率，那么该屏幕在几秒钟内将变为黑色，监视器则还原至原始分辨率。

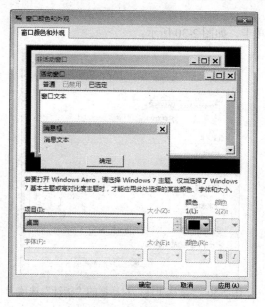

图 2-27　"窗口颜色和外观"对话框

图 2-28　"屏幕分辨率"窗口

2.4.3　调整鼠标和键盘

1．设置鼠标的工作方式

鼠标是用户最常用的计算机操作工具。因此，用户根据个人习惯、性格和喜好来设置鼠标的工作方式是极为重要的，这样做可以帮助用户快速地完成工作。Windows 7 为用户提供了方便、快捷的鼠标键工作方式的设置方法。

（1）设置鼠标的左右键

鼠标键是指鼠标上的左右按键。用户可根据自己左右手的习惯，将鼠标设置为适合于右手操纵或适合于左手操纵。另外，用户还可以通过设置来决定鼠标是通过单击来打开一个对象项目还是双击来打开一个对象项目。设置鼠标左右键的具体操作步骤如下：

① 选择"开始" | "控制面板"命令，打开"控制面板"窗口，双击"鼠标"图标，打开"鼠标属性"对话框，如图 2-29 所示。

② 在"鼠标键"选项卡中，用户可以设置鼠标键的使用。在默认情况下，鼠标是按右手使用的习惯来配置按键的。如果用户习惯于左手操作鼠标，可以在"鼠标键配置"框中选择"左手习惯"单选按钮，鼠标左键和右键的作用将会交换。

③ 在"双击速度"框中，用户可设定系统对鼠标键双击的反应灵敏程度。如果用户是一个计算机高手，那么可将滑块向右拖动，增加鼠标键双击的反应灵敏程度；对于一个计算机初学者，则应将滑块向左拖动，减少鼠标键双击的反应灵敏程度。

④ 鼠标键设置完毕后，单击"应用"按钮，使设置生效。

（2）设置鼠标指针

设置鼠标指针是指设置鼠标指针的外观显示。Windows 7 为广大用户提供了许多指针外观方案，用户可以通过设置使鼠标指针的外观满足自己的视觉喜好。要设置鼠标指针的外观，可参照下面的具体操作步骤：

① 选择"开始" | "控制面板"命令，打开"控制面板"窗口，双击"鼠标"图标，打开"鼠标属性"对话框。

② 在"鼠标属性"对话框中，选择"指针"选项卡，如图 2-30 所示。

图 2-29　"鼠标属性"对话框的"鼠标键"选项卡　　　图 2-30　"鼠标属性"对话框的"指针"选项卡

③ 从"方案"下拉列表框中选择一种系统自带的指针方案，例如"Windows Aero（系统方案）"，然后在"自定义"列表框中选中要选择的指针。

④ 如果用户不喜欢系统提供的指针方案，可单击"浏览"按钮，打开"浏览"对话框，为当前选定的指针操作方式指定一种新的指针外观。

⑤ 如果用户希望指针带阴影，请选择"启用指针阴影"复选框。

图 2-31　"保存方案"对话框

⑥ 如果用户希望新选择的指针方案或系统自带的方案以自己喜欢的名称保存，可在"方案"下拉列表框中选择该指针方案，然后单击"另存为"按钮，打开如图 2-31 所示的

"保存方案"对话框,在"将该光标方案另存为"文本框中输入要保存的新名称,然后单击"确定"按钮关闭对话框。

2. 设置键盘的工作方式

键盘是计算机操作中必不可少的工具。使用键盘可以快速、方便地输入数据,使用键盘的组合键可以以最快的速度完成一个操作。

键盘的设置分为键盘反应速度和光标闪烁频率两个方面。

具体操作如下:

① 单击"开始"菜单的"控制面板"命令。

② 双击"键盘"图标,打开"键盘属性"对话框,如图 2-32 所示。

③ 单击"速度"选项卡。

④ 将"重复延迟"项设置成最短。

⑤ 将"重复速度"项设置成最快。

⑥ 在"单击此处并按任一键以便测试重复速度"的方框内,试试键盘的操作有何不同。

⑦ 将"光标闪烁速度"设置为偏快。

⑧ 单击"确定"按钮。

图 2-32　"键盘属性"对话框

2.4.4　设置日期和时间

默认情况下,在任务栏的"通知区域"上会显示当前的系统时间。

用户可通过"控制面板"中的"日期和时间"程序项,更新系统的日期和时间,操作步骤如下:

① 双击控制面板中的"日期与时间"图标,或者单击任务栏右下角显示的"时钟"区域后在弹出的对话框中找到"更改日期与时间设置"命令并单击,弹出"日期和时间"对话框,如图 2-33 所示。

② 在该对话框中单击"更改日期和时间"按钮,弹出"日期和时间设置"对话框,如图 2-34 所示。

③ 在该对话框左边的日期选择区中可以设置日期,修改年、月、日。

④ 在该对话框右下部的时间选项中可以设置时间,修改时、分、秒。

⑤ 设置完毕后,单击"确定"按钮。

图 2-33　"日期和时间"对话框　　　　　　　图 2-34　"日期和时间设置"对话框

2.4.5　用户账户管理

在实际工作和生活中，常常会出现多用户共用一台计算机的情况，由于每个人的生活习惯和兴趣爱好不同，对计算机的设置和配置文件等也会有所不同，此时用户可进行多用户使用环境的设置。多用户使用环境设置生效后，当用户以自己的身份登录时，系统就会启用该用户的设置，而不会影响到其他用户的设置；同时还可以在不重新启动电脑且在不关闭当前打开的应用程序的前提下，选择"开始" | "关机" | "注销"命令，实现不同用户之间的切换。

1. 添加用户

自己动手

在你经常使用的计算机上创建一个名为"ttt"的管理员用户。

具体操作步骤如下。

第一步：选择"开始"菜单下的"控制面板"命令，打开"控制面板"窗口。

第二步：在窗口中单击"用户账户"[①]图标，打开如图 2-35 所示的"用户账户"窗口。

第三步：单击窗口中的"管理其他账户"命令，打开如图 2-36 所示的"管理账户"窗口。

第四步：单击窗口中的"创建一个新账户"超链接，弹出创建新账户向导。在"为新账户起名"文本框中输入账户的名称：ttt，并选中管理员（A）单选按钮。其中，以"管理员"选项创建的新账户有计算机的完全访问权，可以做任何需要的更改；而以"标准用户"选项创建的新账户可以使用大多数软件及更改不影响其他用户或计算机安全的系统设置。

2. 更改账户

创建用户账户后，还可以对新建的用户账户的名称、图像、类型或密码等进行更改或删除。

自己动手

将上面创建的"ttt"账户更名为"理想"，并设置合适的图像。

---

① 系统界面中为"帐户"。——编者注

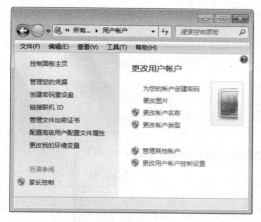

图 2-35 "用户账户"窗口

图 2-36 "管理账户"窗口

具体操作步骤如下。

第一步：打开"更改账户"窗口，单击"挑一个账户做更改"栏中需要修改的账户"ttt"，打开如图 2-37 所示的窗口。

第二步：在窗口右侧，单击"更改账户名称"，弹出"重命名账户"窗口，如图 2-38 所示。在"新账户名"文本框中，输入"理想"，单击"更改名称"。

第三步：单击"更改图片"按钮，打开"选择图片"窗口，如图 2-39 所示。在该窗口中选择用户喜欢的图像，单击"更改图片"按钮，即可实现图片的更改。

图 2-37 "更改账户"窗口

图 2-38 "重命名账户"窗口

图 2-39 "选择图片"窗口

2.4.6 字体设置

Windows 7 安装成功后，会自动安装默认的字体。如果用户还需要使用其他的字体，可以自行添加；对于长期不用的字体，为了节省空间，可以将其删除。

1．安装字体

操作步骤如下：

① 双击控制面板中的"字体"图标，弹出"字体"窗口，如图 2-40 所示。

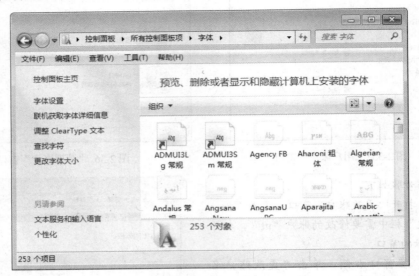

图 2-40　"字体"窗口

② 选择要添加的字体文件，单击鼠标右键，在弹出的快捷菜单中选择"复制"选项。

③ 回到"字体"窗口，单击鼠标右键，在弹出的快捷菜单中选择"粘贴"选项即可。

2．删除字体

操作步骤为：在"字体"窗口中，选中需要删除的字体图标，单击鼠标右键，在弹出的快捷菜单中选择"删除"选项，如图 2-41 所示。

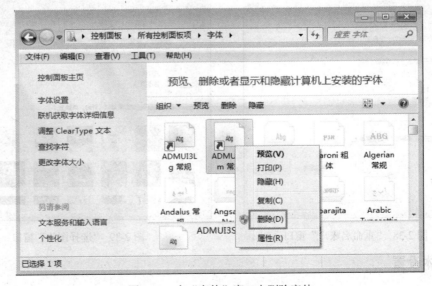

图 2-41　在"字体"窗口中删除字体

2.4.7 打印机的安装、设置和使用

随着计算机技术的发展，打印机已成为非常普及的外设，正确掌握它的安装、设置和使用对用户来说很重要。通过"控制面板"，用户可以方便地安装和设置打印机。

1．安装打印机

操作步骤如下：

① 打开"控制面板"窗口，双击其中的"设备和打印机"图标，打开"设备和打印机"窗口，如图 2-42 所示。

图 2-42 "设备和打印机"窗口

② 在"设备和打印机"窗口，选择"添加打印机"，此页面可以添加本地打印机或添加网络打印机，如图 2-43 所示。选择"添加本地打印机"后，会进入到选择打印机端口类型界面。

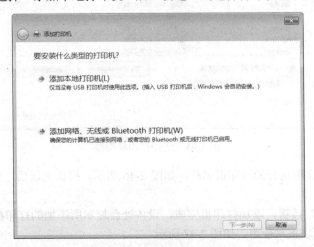

图 2-43 "添加打印机"对话框

③ 选择本地打印机端口类型后单击"下一步"按钮，如图 2-44 所示。

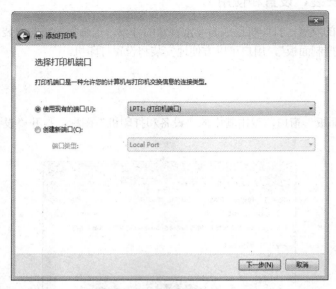

图 2-44　选择打印机端口

④ 此页面需要选择打印机的"厂商"和"打印机类型"进行驱动加载，例如"Brother MW-260 LE 打印机"，选择完成后单击"下一步"按钮，如图 2-45 所示。

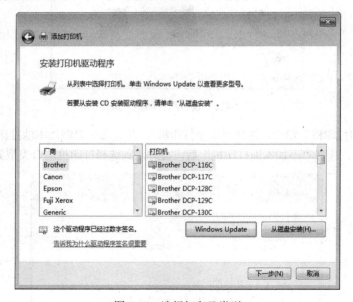

图 2-45　选择打印及类型

⑤ 系统会显示出你所选择的打印机名称，如图 2-46 所示。确认无误后，单击"下一步"按钮进行驱动安装。

⑥ 单击"下一步"按钮，添加打印机完成，设备处会显示所添加的打印机。可以通过"打印测试页"检测设备是否可以正常使用，如图 2-47 所示。

⑦ 单击"完成"按钮，完成打印机的添加。

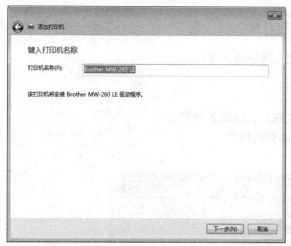

图 2-46　打印机名称选择

图 2-47　添加成功页面

2. 设置打印机

在打印机安装完成后，用户还需对打印机进行对应的设置。

设置步骤如下：

① 打开"控制面板"窗口，单击其中的"设备和打印机"图标。

② 用鼠标右键单击"打印机图标"打开"打印机"的快捷菜单，选中"打印机属性"菜单项。

③ 按照屏幕提示，用户可对打印机进行各种设置，如确定打印机是否共享、选择纸张大小等。

2.4.8　打开和关闭 Windows 组件

1. 打开 Windows 组件

中文版 Windows 7 安装后，常常有许多组件没有启用，若需要，用户可以随时启用，也可关闭暂时不用的组件。具体操作方法如下：

① 打开"控制面板"窗口，双击"程序和功能"图标，打开"程序和功能"窗口，单击窗口左边的"打开或关闭 Windows 功能"按钮，弹出"Windows 功能"窗口，如图 2-48 所示。

② 选中"组件"列表框中需要启用的组件的复选框。

③ 单击"确定"按钮。

2. 关闭 Windows 组件

图 2-48　"Windows 功能"窗口

关闭 Windows 组件的操作方法如下：

① 打开"Windows 功能"窗口。

② 在"组件"列表框中，将暂时不用而已经选中的复选框取消。

③ 单击"确定"按钮。

2.4.9 卸载应用程序

对计算机中不需要的程序一定要及时卸载，把空间还给系统。

卸载方法如下：

① 打开"控制面板"窗口。

② 单击"程序和功能"，显示"程序和功能"窗口，如图 2-49 所示。

③ 在"卸载或更改程序"列表框中选择需要卸载的程序。

④ 单击"删除"按钮，即可进入删除过程。

图 2-49 "程序和功能"窗口

2.5 Windows 7 附件

在 Windows 系统的"附件"中自带了几个小的应用软件，主要包括计算器、画图、写字板、记事本等，下面介绍部分附件程序功能和使用方法。

2.5.1 计算器

计算器是 Windows 为方便用户做计算附带的一个小程序。启动方法是：单击"开始"菜单，选择"所有程序"|"附件"|"计算器"，打开计算器程序窗口，如图 2-50 所示。使用方法和日常生活中的计算器一样，只不过需要使用鼠标或键盘单击相应的数字和运算符。

值得注意的是：通常默认的"计算器"为标准型的，其计算功能不够强大，只能做基本计算。如果希望能做更多计算，则打开计算器的"查看"菜单，可以看到其丰富的功能，包括科学型、程序员、统计信息等。除此之外，Windows 7 的计算器还具备单位转换、日期计算及贷款、租赁计算等实用功能。图 2-51 所示为科学计算器。

图 2-50　标准计算器

图 2-51　科学计算器

2.5.2　"画图"程序

"画图"是一个用于绘制和编辑图形的应用程序。利用"画图"既可以产生文字图案，也可以绘制复杂的艺术图案；既可以在一张空白画布上作画，也可以编辑由扫描仪扫描进来的图像或其他 Windows 应用程序生成的图形。启动方法是：单击"开始"|"所有程序"|"附件"|"画图"命令，启动"画图"窗口，如图 2-52 所示。

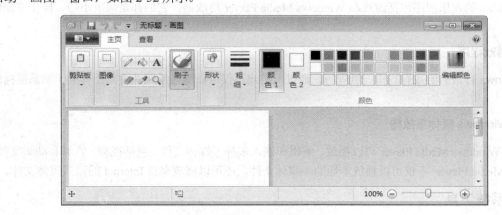

图 2-52　"画图"窗口

2.5.3　写字板

写字板是 Windows 7 提供的一个比较简单的文字处理程序。利用写字板可以撰写报告、书信、文件等，并且可以在文档中插入图片；对文档可以格式化；打印文档。写字板还支持对象的链接与嵌入，写字板生成的文档可以通过剪贴板传送给许多其他的 Windows 应用程序。启动方法是：单击"开始"|"所有程序"|"附件"|"写字板"命令，打开"文档-写字板"窗口，该窗口主要由标题栏、菜单栏、"常用"工具栏、编辑区和状态栏组成，如图 2-53 所示。

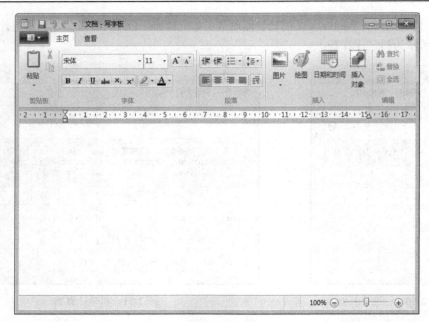

图 2-53　　"写字板"窗口

　　用户在文本编辑区中输入文本，就可以使用"常用"工具栏和"主页"菜单中的命令对其进行各种编辑操作。

2.5.4　娱乐程序

　　Windows 的娱乐程序包括游戏和 Windows Media Player 播放器，它们都是简单小巧、操作方便的程序。

1. 游戏程序

　　Windows 自带的游戏有扫雷、纸牌等，通过玩游戏不仅可以练习反应能力，还有助于熟悉鼠标的操作。

2. Windows 媒体播放器

　　使用 Windows Media Player 可以播放、编辑和嵌入多种多媒体文件，包括视频、音频和动画文件。Windows Media Player 不仅可以播放本地的多媒体文件，还可以播放来自 Internet 的流式媒体文件。

2.5.5　系统工具

　　Windows 7 的系统工具用于对系统磁盘等资源进行维护，可以对磁盘中的数据进行备份，进行磁盘空间管理、磁盘扫描和磁盘碎片整理，还可以进行网络资源监视等。这里介绍几个常用的工具。

1. 磁盘清理

　　清理磁盘的主要目的是回收空间。磁盘使用一段时间后会留下一些不需要的文件，这些文件可能是 Internet 临时文件、从 Internet 下载的程序文件、"回收站"中没有清空的文件和程序运行时产生的临时文件等，以及不再使用的 Windows 7 安装组件和不再使用的已安装程序等。删除这些文件可以增加磁盘的可用空间。

① 启动磁盘清理程序。

单击"开始"菜单中的"所有程序"|"附件"|"系统工具"|"磁盘清理"命令，并选择要执行清理的驱动器后，弹出"选择驱动器"对话框，如图 2-54 所示。

② 在对话框中，选择要清理的驱动器，单击"确定"按钮，弹出"磁盘清理"对话框，如图 2-55 所示。

③ 在"要删除的文件"下拉列表框中会列出几类能被删

图 2-54　选择驱动器对话框

除的文件以及这些文件占用的磁盘空间。选中要删除的文件，对话框下面会显示有关这类文件的说明，以使用户了解文件的性质。单击"确定"按钮，开始磁盘清理工作。

④ 磁盘清理完成后，系统会自动关闭对话框。

2．系统还原

Windows 7 内置的系统还原是一个行之有效且操作简单的系统修复工具。它可以撤销对系统的有害操作，从而使系统返回到一个正常的状态下，同时又不会丢失用户的个人文件。如果误装了驱动程序、误删了系统文件或电脑出现了各种奇怪故障，利用系统还原就可以将操作系统"恢复"到一个健康的状态。

（1）创建系统还原点

创建系统还原点也就是建立一个还原位置，系统出现问题后，就可以把系统还原到创建还原点时的状态了。Windows 7 一般来说不需要手动创建还原点。当系统发生重要改变时，比如安装了软件、升级了补丁，系统会自动为你创建还原点。用户如果觉得自动还原点不好，则可以手工创建还原点。操作方法如下：

① 在桌面选中"计算机"，单击鼠标右键，在弹出的快捷菜单中选"属性"命令，弹出"系统"窗口，如图 2-56 所示。

② 单击"系统保护"链接，弹出"系统属性"对话框，在"保护设置"下拉列表框中选中需要还原系统的磁盘（通常是 C:盘），如图 2-57 所示。

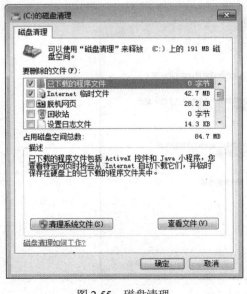

图 2-55　磁盘清理

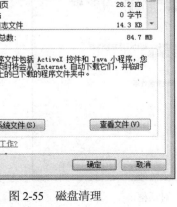

图 2-56　"系统"窗口

　　③ 单击"创建"按钮，弹出"系统保护"对话框，如图 2-58 所示。在其文本框中输入易于记住的英文名字，单击"创建"按钮即可完成还原点的创建。

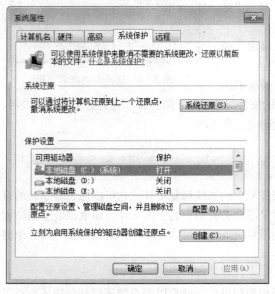

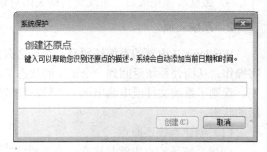

图 2-57　创建系统还原点　　　　　　　　　图 2-58　"系统保护"对话框

（2）使用还原点恢复系统"健康"

　　当电脑由于各种原因出现异常错误或故障之后，系统还原就派上大用场了。单击"开始"菜单中的"所有程序"|"附件"|"系统工具"|"系统还原"命令，弹出"还原系统文件和设置"窗口，如图 2-59 所示，在对话框中提供了两种还原途径："推荐的还原"和"选择另一还原点"。若用户想用自己创建的还原点进行还原，则要选后一种，选中后单击"下一步"按钮，在还原点列表中选择想还原的还原点，单击"下一步"按钮后确认还原，单击"完成"按钮，系统开始进行还原，这个过程中系统会重启。

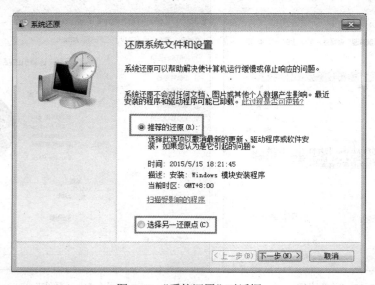

图 2-59　"系统还原"对话框

习　题

1. 操作系统是（　　）的接口。

    A. 系统软件与应用软件　　　　　　　B. 系统软件与工具软件

    C. 用户与计算机　　　　　　　　　　D. 用户与软件

2. Windows 7 是一个（　　）操作系统。

    A. 字符界面　　　　B. 表格界面　　　　C. 图形界面　　　　D. 用户界面

3. Windows 7 "桌面" 指的是（　　）。

    A. 整个屏幕　　　　B. 活动窗口　　　　C. 某个窗口　　　　D. 全部窗口

4. 在 Windows 7 的 "资源管理器" 窗口中，如果想看到文件的名称、类型、修改日期、大小等信息，应该选择（　　）视图。

    A. 图标　　　　　　B. 详细信息　　　　C. 超大图标　　　　D. 内容

5. 想让计算机在工作状态下重新启动，可采用热启动，即同时按下（　　）键（在 Windows 下是关闭正在运行的程序）。

    A. Ctrl + Shift + Del　　　　　　　　B. Ctrl + Alt + Del

    C. Ctrl + Break　　　　　　　　　　D. Ctrl + Alt + Break

6. 在 Windows 7 中，安全地关闭计算机的正确操作是（　　）。

    A. 直接按主机面板上的电源按钮　　　B. 单击 "开始" 菜单中的 "关机|注销"

    C. 单击 "开始" 菜单中的 "关机"　　　D. 先关显示器，再关主机

7. 在 Windows 7 中，回收站实际上是（　　）。

    A. 一个文档　　　　B. 内存区域　　　　C. 硬盘上的空间　　D. 文件的快捷方式

8. 要在 Windows 中修改日期或时间，则应运行（　　）程序的 "日期和时间" 选项。

    A. 资源管理器　　　B. 附件　　　　　　C. 控制面板　　　　D. 计算器

9. 在 Windows 7 中，若一个程序长时间不响应用户要求时，可使用快捷键（　　）启动任务管理器，结束该任务。

    A. Ctrl+Alt+Del　　B. Ctrl+Alt+Shift　C. Ctrl+Alt+Tab　　D. Ctrl+Alt+Esc

10. 在 Windows 系统中，用来对文件进行具体管理的是（　　）。

    A. 计算机、我的文档　　　　　　　　B. 开始菜单、写字板

    C. 计算机、资源管理器　　　　　　　D. 资源管理器、我的文档

11. Windows 7 有 4 个默认库，分别是图片、视频、音乐和（　　）。

    A. 文档　　　　　　B. 下载　　　　　　C. 文件　　　　　　D. 新建库

12. Windows 7 默认环境下，（　　）操作与 "剪贴板" 无关。

    A. 粘贴　　　　　　B. 复制　　　　　　C. 剪切　　　　　　D. 删除

13. 要卸载一种中文输入方法，可在（　　）进行。

    A. 控制面板　　　　B. 资源管理器　　　C. 计算机　　　　　D. 文字处理程序

14. 文件的类型可以根据（　　）来识别。

    A. 文件的大小　　　B. 文件的存放位置　C. 文件的扩展名　　D. 文件的用途

15. 不是 Windows 7 的用户账户类型为（　　）。

    A. 标准用户账户　　B. 来宾账户　　　　C. 管理员账户　　　D. 普通账户

16. 在 Windows 7 操作中，若鼠标指针变成了"Ⅰ"形状，则表示（　　）。

　　A. 当前系统正在访问磁盘　　　　　　　B. 可以改变窗口大小

　　C. 可以改变窗口位置　　　　　　　　　D. 在鼠标光标所在位置可以从键盘输入文本

17. 菜单命令前带有对号"√"的表示（　　）。

　　A. 选择该命令弹出一个下拉子菜单　　　B. 该命令无效

　　C. 该选项已经选用　　　　　　　　　　D. 选择该命令后出现对话框

18. 在 Windows 7 中可按（　　）键得到帮助信息。

　　A. F1　　　　　　　B. F2　　　　　　　C. F3　　　　　　　D. F10

19. 在 Windows 7 中，若误删除了某文件，则可以用（　　）操作进行恢复。

　　A. 利用"回收站"还原

　　B. 通过"回收站"将其拖回原处

　　C. 利用"资源管理器"窗口中的"撤销"命令

　　D. 以上均可

20. 图标是 Windows 操作系统中的一个重要概念，它表示 Windows 的对象，可以指（　　）。

　　A. 应用程序　　　　　　　　　　　　　B. 文档或文件夹

　　C. 设备或其他的计算机　　　　　　　　D. 以上都正确

实　验

1. 文件与文件夹管理

具体要求：

（1）在 D 盘根目录下创建一个名为"实验"的文件夹，并在该文件夹中新建名为"职业规划.docx"、"计划与展望.xlsx"、"第一份实验报告.txt"、"我的生活.pptx"和"交通安全.txt"5 个空文件。

（2）将"职业规划.docx"、"第一份实验报告.txt"、"交通安全.txt"3 个文件同时复制到桌面上。

（3）将"我的生活.pptx"移到桌面上。

（4）删除桌面上的"职业规划.docx"、"第一份实验报告.txt"、"我的生活.pptx"。

（5）在回收站中还原"我的生活.pptx"。

（6）清空回收站。

（7）将"实验"的文件夹更名为"Windows 实验"。

（8）在桌面上为"Windows 实验"文件夹创建快捷方式，名称保持不变。

（9）使用"资源管理器"窗口中的"搜索"栏，查找与"实验"有关的文件和文件夹。

（10）将桌面上的"交通安全.txt"设置为隐藏，并保证其不可见。

2. 控制面板的使用

具体要求：

（1）观察"控制面板"窗口中"类别"与"图标"两种查看方式的不同。

（2）设置桌面背景为网上下载的一幅图片。

（3）设置屏幕保护程序为：三维文字，内容为：欢迎光临。

（4）根据实际日期和时间设置系统日期和时间。

第 3 章　Word 2010

Word 2010 中提供了功能更为全面的图形编辑工具和文本，同时采用了以任务为导向的应用界面，帮助用户创建和共享相应的电子文档。

3.1　认识 Office 2010 套装软件的操作界面

Office 2010 是一组软件的集合，它包括文字处理软件 Word 2010、表格制作软件 Excel 2010 以及演示文稿制作软件 PowerPoint 2010 等。其操作界面基本雷同，在此以 Word 2010 为例展开介绍。

3.1.1　功能区与选项卡

功能区与选项卡的结合使得用户操作更加方便、更加直观。

Word 2010 的功能区中有"文件"、"开始"、"插入"、"页面布局"、"引用"、"邮件"、"审阅"和"视图"等选项卡，如图 3-1 所示。单击功能区中相应的选项卡名，就会切换到相应的选项卡，需要使用哪个命令，只需单击该命令的命令按钮，而且功能区的内容会根据窗口宽度自动进行调整。

图 3-1　Word 2010 的功能区及"开始"选项卡

3.1.2　智能选项卡

智能选项卡只在需要时显示，从而使用户能够更加轻松地根据正在进行的操作来获得和使用所需的命令，如图 3-2 所示。

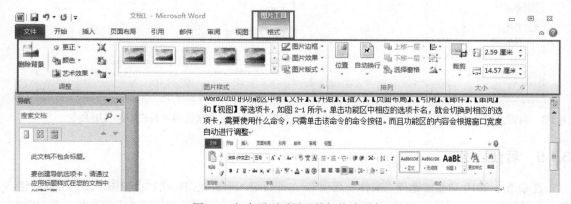

图 3-2　仅在需要时显示的智能选项卡

3.1.3 人性化的屏幕提示

在文件处理过程中，若对某一命令功能不清楚，可以将鼠标指针指向该命令或功能，停留 1 秒钟将出现相应的屏幕提示，帮助读者迅速了解所提供的信息。

3.1.4 快速访问工具栏

快速访问工具栏是一个根据用户需要而定义的工具栏。它包含一组独立于当前显示的功能区中的命令，可以帮助用户快速访问到常用的工具。通常，快速访问工具栏位于标题栏的左侧，默认包含保存、撤销和恢复 3 个命令按钮，如图 3-3 所示。

自己动手

如何为自定义快速访问工具栏添加所需命令呢？（以"新建"和"新建批注"命令为例）

具体操作步骤如下。

第一步：用鼠标单击标题栏左侧快速访问工具栏右侧的下三角按钮。（"新建"执行完第二步结束；"新建批注"不执行第二步，而是从第三步开始）。

第二步：在弹出的下拉菜单中选择"新建"选项，"新建"命令即进入自定义快速访问工具栏。

第三步：在弹出的下拉菜单中选择"其他命令"选项。

第四步：在弹出的"Word选项"对话框中选择"快速访问工具栏"选项卡，然后单击"从下拉位置选择命令"下拉列表框的下拉按钮，在弹出的下拉列表框中选择"常用命令"选项，在命令列表框中选择所需要的命令按钮（在此选新建批注），然后单击"添加"按钮，设置完成后单击"确定"按钮，即可将选择的命令添加到快速工具栏中，如图 3-4 所示。

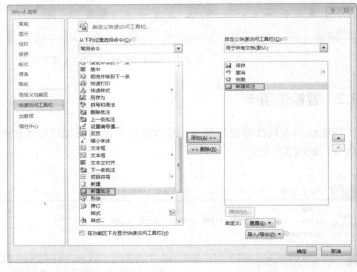

图 3-3　自定义快速访问工具栏　　　　　　　图 3-4　为自定义快速访问工具栏添加常用命令

3.1.5 后台视图

在 Office 2010 功能区选择"文件"选项卡 ，即可进入后台视图。在后台视图中用户可以新建、保存并发送文档，可以进行文档安全控制，控制文档中是否包含隐藏的数据或个人信息等一系列操作，如图 3-5 所示。

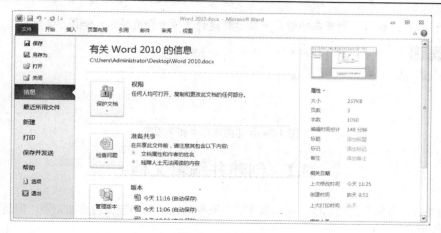

图 3-5　后台视图

3.1.6　自定义 Office 功能区

Office 管理器的自定义功能使得用户可以根据日常工作的需要自定义选项组，并向自定义选项组中添加命令。

自己动手

如何创建一个自己常用的命令按钮选项组呢？（选项卡的名称为"我的"，里面需包含一个选项组"常用"，其中要包含"新建"、"复制"、"剪切"等命令按钮。）

具体操作步骤如下。

第一步：选择"文件"选项卡中的"选项"命令，弹出"Word 选项"对话框。

第二步：在对话框中选择"自定义功能区"选项卡，在对话框右侧的列表框中单击"新建选项卡"按钮，并命名为"我的"。将其下的新建组重命名为"常用"，选中"常用"，从左侧命令窗中依次将"新建"、"保存"、"剪切"命令添加到其下，如图 3-6 所示，单击"确定"按钮。

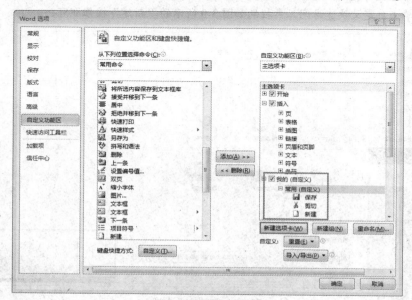

图 3-6　创建新的选项卡

第三步：操作完成后，即可在功能区中显示新建的选项卡和选项组，如图 3-7 所示。

图 3-7　新建的选项卡和选项组

3.2　创建并编辑文档

编辑是 Word 最为重要的功能，随着版本的不断提高，这项功能变得更加完善，但是在编辑之前首先应创建文档。

3.2.1　创建文档

1．创建空文档

每次启动 Word 时，都会自动创建一个空白文档。若用户在编辑完旧文档后想新建一个空白文档，则可以动手试试以下方法。

自己动手

如何在启动 Word 后创建一个空文档呢？

方法一的具体操作步骤如下。

第一步：选择"文件"选项卡中的"新建"命令，在"可用模板"中选"空白文档"。

第二步：单击右侧的"创建"按钮即可，如图 3-8 所示。

方法二的具体操作步骤如下。

第一步：首先在自定义快速访问工具栏中添加"新建"命令。

第二步：单击自定义快速访问工具栏的如图 3-9 所示的"新建"按钮即可。

图 3-8　新建空白文档

2. 用模板创建文档

每次启动 Word 时创建的空白文档都是因为启用了 Normal.dotx

模板，该模板决定了文档基本外观的默认样式。

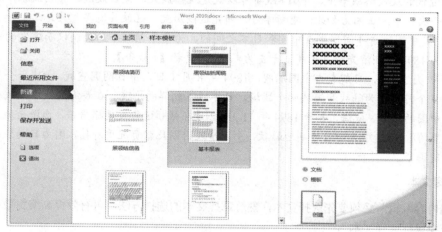

图 3-9　自定义快速访问工具栏

Word 2010 带有许多预先定义好的模板供用户使用，这些模板体现了一些常用的文档需求，如贺卡、传真、发票等。

自己动手

如何利用模板创建一个文档呢？（以基本报表为例。）

具体操作步骤如下。

第一步：选择"文件"选项卡中的"新建"命令，在"可用模板"中选择"样本模板"。

第二步：在弹出的窗体中选择"基本报表"，单击右侧的"创建"按钮即可，如图 3-10 所示。

第三步：在新建的文档中输入所需的内容，就完成了创建相应文档的任务，如图 3-11 所示。

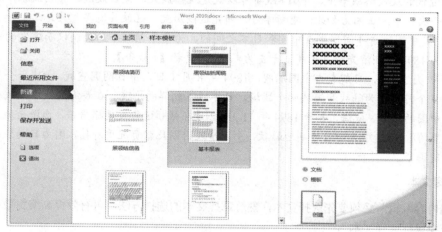

图 3-10　以模板"基本报表"创建文档

图 3-11　新建的文档

3.2.2 编辑文档

1. 输入文本

文档一旦创建成功，在其编辑区域中会出现一个闪烁的光标，该光标所在位置即为文档的文本输入位置，此时可以开始输入文本内容了。在进行文本输入过程中首先要切换合适的输入法；同时在输入符号和特殊数字时，通过"插入"选项卡下的"符号"选项组实现；最后一定要切记：一个段落没有结束时不要按"Enter"键。

自己动手

请输入下列文字：（原文）

中日甲午战争：一段悲壮的抗争史

在中国近代的反侵略战争中，中日×战争可以说是规模最大，失败最惨，影响最深，后果最重，教训最多的一次战争。正因为如此，重新学习、研究这段历史，也最具现实意义。

×战争，是中国晚清年间发生在中国和日本之间的、为争夺朝鲜半岛控制权而爆发的一场战争。由于发生年为 1894 年即清光绪二十年，干支为×，中国史称【×战争】。

1894 年 7 月 25 日，日舰袭击中国船舰，1894 年 8 月 1 日，中日两国宣战，×战争全面爆发。甲午战争历时 9 个月，分为陆战和海战两个战场，日军攻下朝鲜的平壤，在黄海海战中大败北洋水师，之后又攻下中国的旅顺、威海，并于 1894 年 11 月 22 日在旅顺进行大规模屠杀，血洗全城。战后双方签订《马关条约》，规定中方向日方割地赔款，中国清政府因此背负沉重外债，国力日趋衰退，沦为半殖民地半封建国家。

2. 选择文本

对文档内容编辑前必须要先选择文本，熟练掌握文本的选择方法，可有效提高编辑效率。

（1）拖曳鼠标选择文本

拖曳鼠标选择文本是目前最为基本和常用的方法。操作时只需将鼠标指针放置到文本开始位置，按住鼠标左键拖曳到结束位置即可。

（2）选择一行

将鼠标指针移到文本左侧，当鼠标指针变为形状时，移动鼠标到需要的行上单击即可。

（3）选择一个段落

将鼠标指针放到段落的任意位置，连击鼠标左键 3 次，即可选中段落。也可将鼠标指针移到需要的文本段落左侧，当鼠标指针变为形状时，双击鼠标左键完成段落选择。

（4）选择不相邻的文本

按住"Ctrl"键不放，同时在需要处按住鼠标左键拖曳。

（5）选择相邻文本

首先将光标移至需要文本的开始处，单击鼠标左键，放开鼠标，将鼠标移至结束处，按住"Shift"键并单击鼠标左键即可将需要的文本选中。

（6）选择垂直文本

按住"Alt"键不放，同时按住鼠标左键拖曳进行选择。一旦选中，释放"Alt"键即可。

（7）选择全文

将鼠标指针放到文档的任意位置，连击鼠标左键 4 次即可；或将鼠标指针移到文本左侧，当鼠标指针变为形状时，连击鼠标左键 3 次即可；或直接按"Ctrl+A"键。

3．复制文本

文本复制是提高文本编辑效率的有效方法之一，当文中有多处内容相同时，可使用复制的办法避免重复的编辑工作。

自己动手

如何利用剪贴板复制文本呢（具体要求：将上文中标题里的"甲午"复制到正文中的✘处。）

具体操作步骤如下。

第一步：选择需要复制的内容，在此即为文章标题中的"甲午"。

第二步：单击"开始"选项卡下"剪贴板"选项组中的"复制"按钮，或按"Ctrl+C"键，选定的内容将被存放在剪贴板中。

第三步：移动光标到需要处，在此即文中✘处。

第四步：单击"剪贴板"组中的"粘贴"按钮，或按"Ctrl+V"键，即可将文本粘贴到目标位置。

第五步：重复第四步直到所有✘处均出现"甲午"。

4．移动文本

移动文本是文本编辑中常做的工作，而且大多数均是使用剪贴板实现的。

自己动手

如何利用剪贴板移动文本呢？（具体要求：将上文中的"失败最惨"和"影响最深"交换位置。）

具体操作步骤如下。

第一步：选择需要移动的内容，在此即为文章标题中的"，失败最惨"或"影响最深，"。

第二步：单击"开始"选项卡下"剪贴板"选项组中的"剪切"按钮，或按"Ctrl+X"键，剪切的内容将被存放在剪贴板中。

第三步：移动光标到需要处，在此即文中"影响最深"后或"失败最惨"前。

第四步：单击"剪贴板"组中的"粘贴"按钮，或按"Ctrl+V"键，即可将文本粘贴到目标位置。

5．删除文本

选择需要删除的文本，利用键盘上的"Backspace"或"Delete"键实现删除。

6．查找与替换

Word 的查找功能可以快速实现文字、格式、段落标记、图形、批注等的查找，而 Word 的替换功能可以将找到的内容或格式快速替换成新的内容或格式，大大提高了用户的编辑效率。

（1）查找

自己动手

查找原文中的✘。

具体操作步骤如下。

第一步：单击"开始"选项卡中"编辑"选项组中"查找"按钮右侧的下三角按钮，从弹出的快捷菜单中选择"高级查找"。

第二步：弹出"查找和替换"对话框，在"查找"选项卡的"查找内容"文本框中输入需要查找的内容，在此输入✘。

第三步：单击"查找下一处"按钮，此时 Word 开始查找，如果找不到，则会弹出提示信息；如果找到了，就会定位到该内容的位置，并将找到的内容用特定的背景颜色显示。

（2）替换

自己动手

将原文中的所有×替换成甲午。

具体操作步骤如下。

第一步：单击"开始"选项卡中"编辑"选项组中的"替换"按钮，弹出"查找和替换"对话框，如图 3-12 所示。

第二步：在 "查找内容"文本框中输入需要查找的内容，在此输入×。在"替换为"文本框中输入要替换的新内容，在此输入甲午，如图 3-13 所示。

第三步：单击"全部替换"按钮，此时 Word 会自动将整个文档中的所有查找内容替换成新内容。

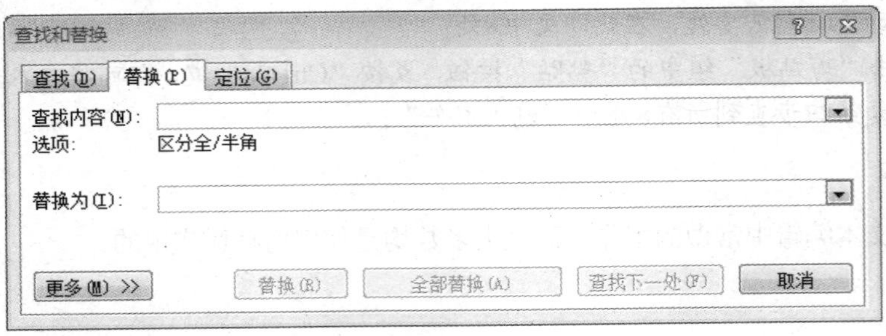

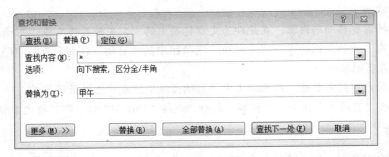

图 3-12 "替换"选项卡

图 3-13 内容替换

7．撤销与恢复

在使用 Word 2010 对文档编辑时，Word 程序会自动记录并存储用户进行的操作，如果出现了误操作，则可以撤销刚才执行的操作，或恢复撤销的操作。

（1）撤销

在执行撤销操作时，不仅可以撤销一次操作、按照操作的次序逐次撤销多步操作，还可以同时撤销多步操作，其操作方法为：

① 单击快速访问工具栏上的"撤销"按钮 或按"Ctrl+Z"组合键，撤销程序记录的最后一步操作。

② 单击快速访问工具栏上的"撤销"按钮后的下拉按钮 ，在弹出的操作列表中选择要撤销的操作即可。

（2）恢复

如果后悔刚做的撤销操作，可以通过恢复操作将刚刚撤销的操作恢复。单击快速访问工具栏上的"恢复"按钮 或按"Ctrl+Y"组合键即可执行恢复操作。

8．在文档中添加引用内容

在文档编辑特别是长文档的编辑过程中，文档内容的脚注、尾注等信息十分重要，它们可以使文档内容更加完整。

（1）添加脚注

脚注是对文档中的内容进行解释和说明的文字，它一般位于当前页面的底部。操作时首先将光标移到需要的位置，然后单击"引用"选项卡，在"脚注"选项组中单击"插入脚注"按钮，在要插入的位置输入脚注内容。

（2）添加尾注

尾注用于在文档中显示引用资料的出处或补充的信息。操作时首先将光标移到需要的位置，然后单击"引用"选项卡，在"脚注"选项组中单击"插入尾注"按钮，在文档最后输入尾注内容。

（3）添加题注

题注是一种可以为文档中的图片、图表、表格、公式等对象添加编号的标签。操作时首先将光标移到需要的位置，

图 3-14　"题注"对话框

然后单击"引用"选项卡，在"题注"选项组中单击"插入题注"按钮，在弹出的"题注"对话框中，可以根据添加题注的对象不同，在"选项"下的"标签"下拉列表框中选择不同的标签类型，如图 3-14 所示。若希望使用新的标签显示，可以单击"新建标签"按钮，在弹出的对话框中设置相应的新的标签。

3.3　文档的保存及退出

文档创建及编辑中要及时将编辑结果保存。保存工作不必在编辑结束时才做，而应该在编辑的过程中不断进行，从而尽可能保证工作成果不丢失。

3.3.1　保存

保存是文档编辑过程中经常做的一项工作，及时的保存可以避免因一些突发事情而导致文档内容的丢失。Word 2010 的文档格式默认为".docx"格式，如果要将 Word 2010 文档保存为其他格式的文档，可在"另存为"对话框中的"保存类型"列表框中进行选择，如 Word 97-2003 文档（.doc）、Word 模板（.dotx）、单个文件网页（.mht）等。

自己动手

将编辑好的原文以"原文.docx"保存到桌面上。

具体操作步骤如下。

第一步：单击"文件"选项卡，在打开的后台视图中选择"保存"命令或按快捷键"Ctrl+S"，如图 3-15 所示。

第二步：第一次保存会弹出"另存为"对话框，选择文档的保存位置，在"文件名"中输入文档的名称，如图 3-16 所示。

第三步：单击"保存"按钮，即可完成新文档"原文.docx"的保存工作。

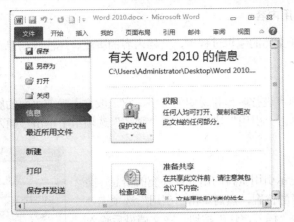

图 3-15 在后台视图中执行保存

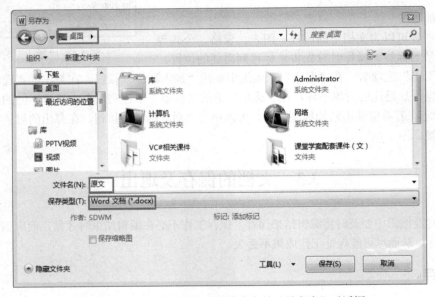

图 3-16 决定保存位置和名称等信息的"另存为"对话框

3.3.2 文档的自动保存

除了可以手动保存 Word 文档之外，默认情况下 Word 2010 会每隔 10 分钟自动保存一次文件，以避免因为停电等事故丢失编辑的内容。但是用户可以根据实际情况设置自动保存的时间间隔。

自己动手

为"原文.docx"设置自动保存，时间间隔为 8 分钟。

具体操作步骤如下。

第一步：单击"文件"选项卡下的"选项"按钮，弹出"Word 选项"对话框。

第二步：在对话框中选择"保存"选项，在"保存自动恢复信息时间间隔"编辑框中设置 8，如图 3-17 所示。

第三步：单击"确定"按钮。

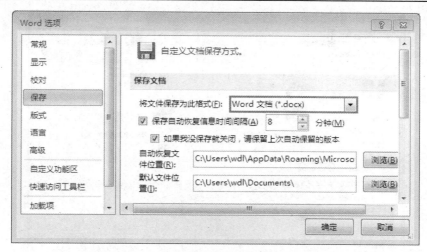

图 3-17　"Word 选项"对话框的"保存"选项卡

3.3.3　另存为

对一份已有文档，若希望在不破坏原有文档的基础上换名称、换位置等信息保存时，就需要使用"另存为"。

自己动手

将"原文.docx"以"原文 1.docx"再次保存到桌面上。

具体操作步骤如下。

第一步：打开"原文.docx"文档，单击"文件"选项卡，在打开的后台视图中选择"另存为"命令，如图 3-18 所示。

第二步：在弹出的"另存为"对话框中，在"文件名"中输入另存为文档的名称，如图 3-19 所示。

第三步：单击"保存"按钮，此时桌面上就会出现这两份文档，如图 3-20 所示。

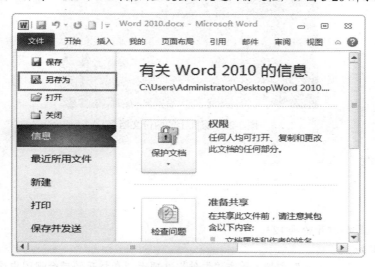

图 3-18　在后台视图中执行"另存为"

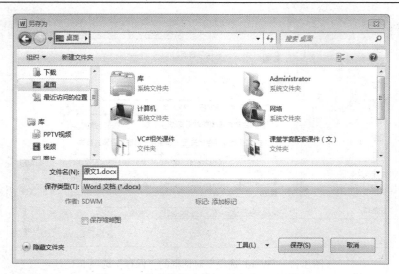

图 3-19　换名称保存的"另存为"对话框

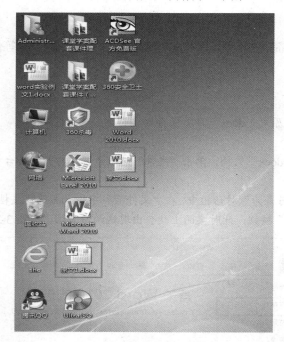

图 3-20　桌面上的两份文档

3.3.4　加密保存

自己动手

给"原文.docx"加打开密码 123。

具体操作步骤如下。

第一步：打开"原文.docx"文档，单击"文件"选项卡，在打开的后台视图中选择"信息"下的"保护文档"命令，如图 3-21 所示。

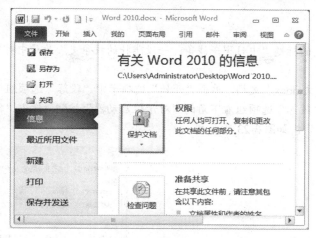

图 3-21　在后台视图中执行文档保护

第二步：选择"保护文档"下的"用密码进行加密"命令，弹出"加密文档"对话框，输入密码 123，单击"确定"按钮。

第三步：弹出"确认密码"对话框，再次输入密码"123"，单击"确认"按钮。

第四步：选择"文件"下的"保存"选项即可。

3.3.5　退出 Word 2010

要退出 Word 2010 程序，可以通过多种方法来实现，下面介绍几种常用的退出 Word 2010 的方法。

方法一：单击"标题栏"右侧的"关闭"按钮 ✕ 。

方法二：单击"文件按钮" 文件 →"退出"命令。

方法三：在"标题栏"任意位置处右击从弹出的快捷菜单中选择"关闭"命令。

方法四：按下"Alt+F4"组合键。

3.4　修 饰 文 档

文档编辑完后，可以对文档进行适当的格式设置，这样不仅可以使文档层次分明，还可以起到美化文档的效果。

3.4.1　设置段落格式

段落格式的设置可以让整个文档层次分明，结构清晰。

1．段落对齐方式

段落的对齐方式分水平对齐方式和垂直对齐方式。

（1）段落的水平对齐

段落的水平对齐方式分为 5 种，分别是左对齐、居中、右对齐、两端对齐和分散对齐。左对齐表示文字从页面左边开始进行排列；居中对齐表示文字位于页面的水平中间位置；右对齐表示文字以页面的右边为基准进行排列；两端对齐表示调整文字的水平间距，使其均匀分布在左右页边距之间。两端对齐使两侧文字具有整齐的边缘；分散对齐表示文字以整个页面的宽度为基准进行排列，如果一行文字太少，则该行文字就以等距散开从而占据整行。

自己动手

设置"原文.docx"的标题"中日甲午战争：一段悲壮的抗争史"为居中对齐。

具体操作步骤如下。

第一步：打开"原文.docx"文档，单击"开始"选项卡中"段落"选项组中的"居中"按钮，如图 3-22 所示。或单击"段落"选项组右下角的"对话框启动器"按钮，弹出"段落"对话框，在"对齐方式"中选择"居中"，如图 3-23 所示。

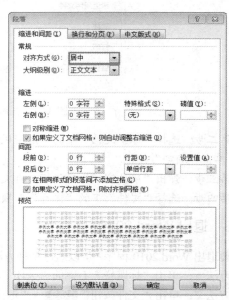

图 3-22　"段落"选项组　　　　　　　　　　　图 3-23　"段落"对话框

（2）段落的垂直对齐

段落的垂直对齐是指在段落当中，当有文字、图片时，或者存在不同字号的文字时，此时对于这些高低不同的对象常考虑段落的垂直对齐。段落的垂直对齐方式有顶端对齐、居中、基线对齐、底端对齐和自动设置 5 种。其操作方法是：打开"段落"对话框，单击"中文版式"选项卡，在"文本对齐方式"下拉列表中进行选择设置。

2．段落缩进

段落缩进有两种形式，即涉及首行的缩进和段落整体缩进。其设置方法主要有标尺法和"段落"对话框两种方法，其中用得最多的是第二种方法。

自己动手

设置"原文.docx"正文第一段左缩进 1 厘米，后两段设置首行缩进 28 磅。

具体操作步骤如下。

第一步：打开"原文.docx"文档，选中第一段，单击"开始"选项卡，打开"段落"对话框。

第二步：在"缩进和间距"选项卡的"缩进"组下的"左侧"文本框中键入要设置的缩进量，即 1 厘米（缩进量允许为负值），如图 3-24 所示，单击"确定"按钮。

第三步：选中后两段，单击"段落"对话框下的"特殊格式"下拉列表并选择"首行缩进"，在"磅值"文本框中键入缩进量，即 28 磅，如图 3-25 所示，单击"确定"按钮。

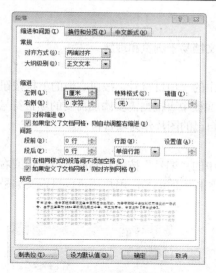

图 3-24　左缩进设置　　　　　　　　图 3-25　首行缩进设置

3.行距和段间距

行距是指段落中相邻两行文本之间的距离，段间距则是指相邻两个段落之间的距离。用户可以根据自己的需要设置文档的行距和段间距。

自己动手

设置"原文.docx"正文第一段行距为 1.5 倍行距，第二段的段前间距为 2.5 行，段后间距为 36 磅。具体操作步骤如下。

第一步：选中第一段，打开"段落"对话框。

第二步：在"缩进和间距"选项卡的"间距"组下的"行距"下拉列表框中选中"1.5 倍行距"，如图 3-26 所示，单击"确定"按钮。

第三步：选中第二段，在"缩进和间距"选项卡的"间距"组中将"段前"设置为 2.5 行，"段后"设置为 36 磅，如图 3-27 所示，单击"确定"按钮。

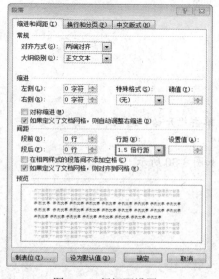

图 3-26　行间距设置　　　　　　　　图 3-27　段间距设置

4. 项目符号与编号

使用项目符号与编号可以突出显示文档要点，使文档易于浏览和理解。

（1）为同级段落添加项目符号

选择段落后，单击"开始"选项卡的"段落"组中的"项目符号"按钮右侧的下拉按钮或右键单击选择"项目符号"命令，在弹出的如图 3-28 所示的面板中可根据需要添加需要的项目符号。添加的项目符号可以是系统内置的符号或图片，还可以导入自己的图片作为项目符号。

（2）为段落添加编号

选择段落后，单击"开始"选项卡的"段落"组中的"编号"按钮右侧的下拉按钮或右键单击选择"编号"命令，在弹出的菜单中就可以根据需要添加相应的编号。用户还可以自定义编号的格式，如图 3-29 所示。

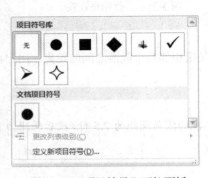

图 3-28　"项目符号"下拉面板

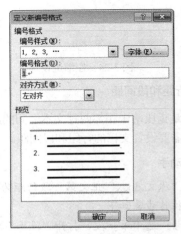

图 3-29　"定义新编号格式"对话框

3.4.2　文本格式设置

文本格式主要包括字体、字形、字号、颜色、下划线等。

1. 设置字体和字号

自己动手

设置"原文.docx"标题为"华文行楷、一号"。

具体操作步骤如下。

第一步：打开"原文.docx"文档，选中标题文字，单击"开始"选项卡。

第二步：在"字体"下拉列表框中选择"华文行楷"

第三步：在"字号"下拉列表框中选择"一号"，如图 3-30 所示。

2. 设置字形和颜色

自己动手

设置"原文.docx"标题为"加粗、蓝色"。

具体操作步骤如下。

第一步：选中标题文字，单击"开始"选项卡。

第二步：单击"字体"选项组的"加粗"按钮 **B**。

第三步：单击"字体颜色"按钮 **A**▾ 右边的下三角按钮，在弹出的"字体颜色"下拉面板中选择蓝色，如图 3-31 所示。

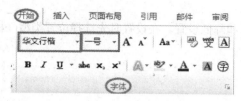

图 3-30　利用"字体"选项组设置字体、字号

图 3-31　利用"字体"选项组设置字形、颜色

3. 设置文本效果和字符底纹

自己动手

将"原文.docx"标题中的文字"甲午战争"设置字符底纹，正文第一段中的"反侵略战争"文字设置文本效果"填充-白色，轮廓-强调文字颜色 1"。

具体操作步骤如下。

第一步：选中标题文字"甲午战争"，单击"开始"选项卡。

第二步：单击"字体"选项组的"字符底纹"按钮 **A**。

第三步：选中正文第一段中的"反侵略战争"文字，单击"文本效果"按钮 **A**▾ 右边的下三角按钮，在弹出的面板中选择"填充-白色，轮廓-强调文字颜色 1"，如图 3-32 所示。

图 3-32　利用"字体"选项组
设置文本效果、字符底纹

4. 字体的高级设置

在"字体"对话框中选择"高级"选项卡可进行字符缩放、间距、位置等高级设置，如图 3-33 所示。

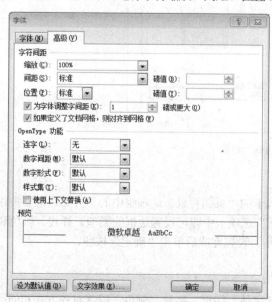

图 3-33　"高级"选项卡

① 缩放：缩放是指在字号不变的情况下，在水平方向进行字符的缩放。

② 间距：间距是在水平方向上进行字符之间距离的设置。在设置时先进行标准、加宽、紧缩选择，再设置具体的加宽磅值或紧缩磅值。也可通过微调按钮进行设置。在"预览"框中可以即时看到设置的效果

③ 位置：位置是在垂直方向上对字符位置进行提升和降低设置。在设置时先选择位置类型（标准、提升、降低）再进行具体的磅值设置。

3.4.3　设置边框和底纹

1. 边框和底纹

在 Word 2010 中，文本和段落的边框和底纹的设置可以通过单击"段落"组中的"边框"按钮 和底纹按钮 **A** 实现。更多的时候是通过"边框底纹"对话框实现。

自己动手

为"原文.docx"的正文第一段添加蓝色双线 1.5 磅边框，黄色底纹。

具体操作步骤如下。

第一步：选中正文第一段，单击"边框"按钮右侧的下三角按钮，选择边框下拉菜单中的"边框和底纹"菜单项。弹出"边框和底纹"对话框。

第二步：在"设置"区域选择"方框"，"样式"列表中选择"双线"，"颜色"下拉面板中选择"蓝色"，"宽度"下拉面板中选择"1.5 磅"，如图 3-34 所示。

第三步：单击"底纹"选项卡，单击"填充"按钮右侧的下三角按钮，选择底纹颜色为黄色即可，如图 3-35 所示。

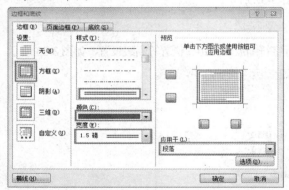
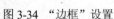
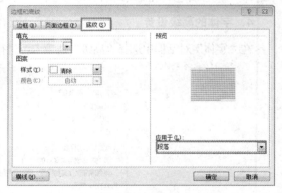

图 3-34　"边框"设置　　　　　　　　　　图 3-35　"底纹"设置

2. 页面边框

单击"页面布局"选项卡的"页面背景"选项组中的"页面边框"按钮，打开"边框和底纹"对话框，在其中的"页面边框"选项卡中即可设置边框的类型、样式、颜色和宽度、范围、应用范围和艺术型边框，如图 3-36 所示。设置完成后单击"确定"按钮。

3.4.4　样式

样式是一组格式，包括字体、字形、字号、颜色、段落对齐方式和间距等。Word 2010 提供了 3 种样式：

① 字符样式和段落样式。它们主要决定文本外观。

② 列表样式。列表样式决定列表外观，如项目符号样式或编号方案、缩进等。

③ 表格样式。表格样式确定表格的外观，包括标题行的文本格式、网格线以及行和列的强调文字颜色等特征。表格样式将在后面的表格美化中进行介绍。

使用 Word 2010 提供的样式可以使我们的文档结构更为合理，排版更为轻松。Word 2010 通过"开始"选项卡下的"样式"选项组，为用户提供样式的创建、更改和应用，如图 3-37 所示。

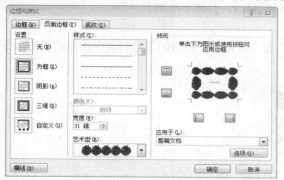

图 3-36　"页面边框"选项卡

图 3-37　"样式"选项组

1. 创建样式

用户除了可以使用 Word 2010 提供的样式外，还可以根据需要创建自己的样式。

自己动手

为"原文.docx"创建一个名为"我的第一个样式"，要求：字体为黑体、二号、加粗、段前 20 磅、段后 18 磅、行距为 2.8 倍行距、大纲级别为一级。

具体操作步骤如下。

第一步：打开"原文.docx"，单击"开始"选项卡下的"样式"选项组中的对话框启动器按钮，弹出"样式"对话框，如图 3-38 所示。

第二步：单击对话框左下角的"新建样式"按钮，弹出"根据格式设置创建新样式"对话框。

第三步：在"名称"框中输入新样式的名称"我的第一个样式"，在"样式类型"下选择"段落"，在"样式基准"下选择"标题 1"，在"格式"下的"字体"中选择"黑体"，字号选择"二号"、"加粗"，如图 3-39 所示。

图 3-38　"样式"对话框

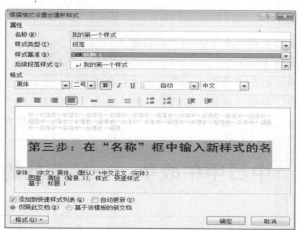

图 3-39　"根据格式设置创建新样式"对话框

第四步：单击"格式"按钮，在弹出的列表中选择"段落"，按照要求设置段前 20 磅、段后 18 磅、行距为 2.8 倍行距。

第五步：单击"确定"按钮，新样式创建成功。此时在"样式"下拉列表中就会呈现该样式，如图 3-40 所示。

2. 更改样式

用户如果对已有样式的格式不满意，可以随时修改，具体方法如下。

① 选中应用了需要修改的样式段落。

② 单击"样式"选项组中的"更改样式"命令按钮，在弹出的下拉列表中选择需要的命令即可进行样式的更改，如图 3-41 所示。

图 3-40　用户创建的样式呈现在"样式"下拉列表中

图 3-41　"更改样式"下拉列表

3. 使用样式

Word 2010 提供的内置样式和用户自己创建的样式都会出现在"样式"下拉列表中，用户可以根据文档的需要使用样式。

自己动手

将样式应用到"原文.docx"的标题上。

具体操作步骤如下。

第一步：打开"原文.docx"，选中标题文字。

第二步：单击"开始"选项卡下的"样式"选项组中的"其他"按钮，弹出"样式"下拉列表。

第三步：选中"我的第一个样式"，标题即可使用该样式，效果如图 3-42 所示。

·中日甲午战争：一段悲壮的抗争史

图 3-42　使用"我的第一个样式"的效果图

3.4.5　调整页面设置及打印

要制作符合要求的、具有特色或精美的文档，需要对文档的页面进行设置，主要包括页面的纸型、方向、页边距、版式等内容。

1．设置文档页面主题

通过页面主题的使用，可以快速调整文档的整体外观，主要包括字体、字体颜色和图形对象的效果。

自己动手

为"原文.docx"使用"沉稳"主题。

具体操作步骤如下。

第一步：单击"页面布局"选项卡，单击"主题"选项组中的"主题"按钮。

第二步：弹出如图 3-43 所示的下拉面板，在其中选择"内置"列表中的"沉稳"主题。

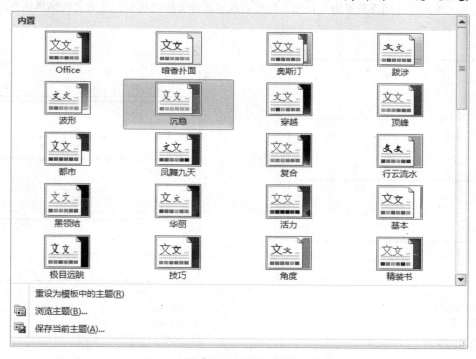

图 3-43　"主题"面板

2．设置文档页眉和页脚

页眉和页脚是文档中每页的顶部、底部及两侧页边距的区域，通常用户会在页眉和页脚中添加文本、页码、文档各级标题或单位的 Logo 等内容。

（1）插入页眉

自己动手

为"原文.docx"添加页眉"甲午战争"。

具体操作步骤如下。

第一步：单击"插入"选项卡，单击"页眉和页脚"选项组中的"页眉"按钮。

第二步：弹出一下拉列表，在其中选择"内置"列表中某内置样式或编辑页眉，在此选择"编辑页眉"，如图 3-44 所示。

第三步：在页眉区输入"甲午战争"，然后关闭"页眉页脚工具"。

（2）插入页脚

自己动手

为"原文.docx"添加页码作为页脚。

具体操作步骤如下。

第一步：单击"插入"选项卡，单击"页眉和页脚"选项组中的"页脚"按钮。

第二步：弹出一下拉列表，在其中选择"内置"列表中某内置样式或编辑页脚，在此选择"空白（三栏）"，如图 3-45 所示，Word 2010 会在文档每一页的底部插入页脚，并显示当前页的页码。

第三步：单击"关闭页眉页脚"按钮，即可完成页眉和页脚的编辑，返回文档编辑状态。

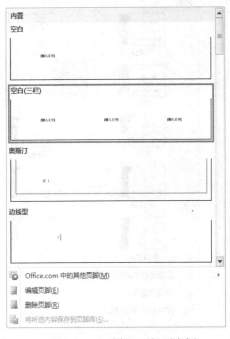

图 3-44　"页眉"下拉列表框　　　　　　　　图 3-45　"页脚"下拉列表框

3. 设置页边距和纸张方向

（1）使用预定的页边距

自己动手

为"原文.docx"使用"普通"的预定页边距。

具体操作步骤如下。

第一步：单击"页面布局"选项卡，单击"页眉设置"选项组中的"页边距"按钮。

第二步：弹出一下拉列表，在其中选择"普通"命令，如图 3-46 所示。

（2）自定义页边距及纸张方向

自己动手

为"原文.docx"设置上下各 2.5 厘米、左右 3 厘米的页边距，纸张方向：纵向。

具体操作步骤如下。

第一步：单击"页面布局"选项卡，单击"页眉设置"选项组中的"页边距"按钮。

第二步：弹出一下拉列表，在其中选择"自定义边距"命令。

第三步：在弹出的"页面设置"对话框中选择"页边距"选项卡，在上、下微调框中分别输入 2.5 厘米，在左、右微调框中分别输入 3 厘米，如图 3-47 所示。

第四步：选择需要的纸张方向，单击"确定"按钮。

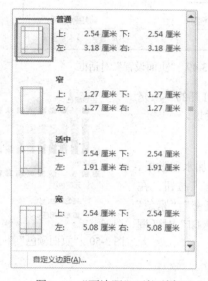

图 3-46　"页边距"下拉列表　　　　　图 3-47　"页面设置"对话框

4. 设置纸张大小

自己动手

为"原文.docx"设置 A4 纸。

具体操作步骤如下。

第一步：单击"页面布局"选项卡，单击"页眉设置"选项组中的"纸张大小"按钮。

第二步：弹出一下拉列表，在其中选择"A4"命令，如图 3-48 所示。

如果需要更精确的设置，可在"纸张大小"下拉列表中选择"其他页面大小"，在弹出的"页面设置"对话框中对纸张大小进行设置，如图 3-49 所示。

5. 设置页面颜色

单击"页面布局"选项卡的"页面背景"选项组中的"页面颜色"按钮，在弹出的如图 3-50 所示的下拉面板中，选择主题颜色、标准色中的颜色选项或选择"其他颜色"命令，在打开的"颜色"对话框中选择颜色，可为页面设置纯色背景色。

图 3-48　"纸张大小"下拉列表

图 3-49　"页面设置"对话框

在图 3-51 中的下拉菜单中选择"填充效果"命令，在打开的"填充效果"对话框中可为页面设置渐变色、纹理、图案或图片背景。

6. 设置水印效果

若制作的文档具有机密性或特有性，则可为文档页面添加水印效果。

单击"页面布局"选项卡的"页面背景"组中的"水印"按钮，在弹出的如图 3-51 所示的下拉菜单中可以选择系统内置的"机密"、"紧急"等组中的水印效果，也可选择"自定义水印"，在打开的"水印"对话框中设置用户自定义的图片或文字水印。

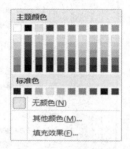

图 3-50　"页面颜色"下拉面板

图 3-51　"水印"下拉列表

7．设置首字下沉

首字下沉是指将 Word 文档中段首的一个文字放大，并进行下沉或悬挂设置，以凸显段落或整篇文档的开始位置。具体实施时，首先将插入点移到需要设置首字下沉的段落中，单击"插入"选项卡的"文本"选项组中的"首字下沉"按钮，在弹出的下拉面板中单击"下沉"或"悬挂"选项设置首字下沉或首字悬挂效果。如果需要设置下沉文字的字体或下沉行数等选项，可以在下沉下拉面板中单击"首字下沉选项"，在弹出的对话框中选中"下沉"或"悬挂"选项，并选择字体或设置下沉行数。完成设置后单击"确定"按钮即可。

8．设置分栏

Word 2010 提供的分栏功能可以将文本分为多栏排列，在实施时首先选择要进行分栏排版的段落（若要将文档中所有段落进行分栏排版，则将插入点置在文档中即可），然后单击"页面布局"选项卡的"页面设置"选项组的"分栏"按钮，弹出如图 3-52 所示的下拉面板，在其中可以选择系统提供的栏数，或单击"更多分栏"，在弹出的如图 3-53 所示的"分栏"对话框中设置栏数、栏的宽度和是否添加分隔线等。

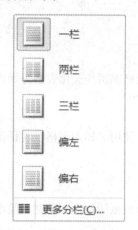

图 3-52　"分栏"下拉面板

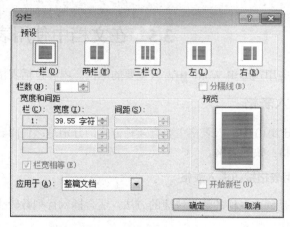

图 3-53　"分栏"对话框

9．设置文档封面

为了使文档的呈现更为完美，Word 2010 提供了大量的内置封面，供用户选择使用。具体实施时，首先单击"插入"选项卡的"页"选项组中的"封面"按钮，在弹出的下拉列表框中列有多种封面，在其中选择一种你需要的封面。此时文档的第一页会被插入一个封面，在该页中选择封面文本的属性，输入相应的信息即可完成设置。

10．打印

文档做好后，可以送打印机进行打印。为了节省纸张，在打印文档之前，最好先对要打印的文档进行预览，以便及时发现文档中的问题并进行修改。打印预览效果满意后再进行打印。

具体实施时，首先单击"文件"选项卡下的"打印"命令，呈现如图 3-54 所示的"打印"面板，打印效果在右边区域即刻呈现，可以在左边区域进行打印设置，比如打印份数、打印机的选择、打印范围、调整（是否逐份打印）、纸张方向等。一旦满意后即可进行打印。

图 3-54 "打印"面板

3.5　在文档中使用表格

表格的应用在编辑 Word 中占有重要的地位。内容包括表格插入、表格编辑和美化表格等操作。

3.5.1　插入表格

在 Word 2010 中插入表格主要有 4 种方式，分别是：使用表格按钮；使用"插入表格"对话框；手动绘制表格；快速表格。

1. 使用表格按钮插入表格

该方法是创建表格的最为快捷的方法，适合插入行列数较少，且具有规范的行高和列宽的简单表格。具体操作步骤为：

① 单击"插入"选项卡的"表格"选项组中的"表格"按钮。

② 弹出如图 3-55 所示的下拉面板，在其中移动鼠标，掠过的方格呈现不同的颜色，同时在选择框顶部显示"*m×n* 表格"字样，选中合适的行和列后，单击鼠标左键即可。

2. 使用"插入表格"对话框插入表格

利用这种方法可以插入指定行列的表格，且可以设置表格的列宽，具体的操作步骤为：

① 单击"插入"选项卡的"表格"组中的"表格"按钮，在弹出的下拉菜单中选择"插入表格"命令，弹出如图 3-56 所示的"插入表格"对话框。

② 在其中的"行数"和"列数"数值框中键入或选择要插入的表格的行数和列数。

③ 选择"自动调整"操作选项中的其中一个选项来调整列宽，其中"固定列宽"选项表明表格每列的宽度是固定的，若选择该项，则在其后的数值框中键入或选择列宽值；"根据内容调整表格"选项则会根据当前表格中的内容来确定列宽；"根据窗口调整表格"选项会根据当前窗口中的页面大小来确定表格的列宽。

④ 若以后插入的表格要套用当前表格的尺寸，则单击"为新表格记忆此尺寸"前的复选框。

⑤ 单击"确定"按钮，即可在文本插入点处插入需要的表格。

图 3-55　"表格"下拉面板　　　　　　　　图 3-56　"插入表格"对话框

3．手动绘制表格

如果用户需要创建表中有表的复杂表格，可以利用"绘制表格"功能手工绘制表格。具体的操作步骤为：

① 单击"插入"选项卡的"表格"选项组中的"表格"按钮，在弹出的下拉菜单中选择"绘制表格"命令。

② 此时鼠标光标呈现铅笔形状 ✐，按下鼠标左键拖动鼠标，此时出现一个虚线框，鼠标拖动到合适位置后释放，将完成表格边框的绘制，在功能区中将出现"表格工具 设计"和"表格工具 布局"选项卡。

③ 在上一步绘制的边框内，按下鼠标左键拖动鼠标，绘制表格内的横线和竖线（绘制表格的行和列），在绘制过程中，可以单击"表格工具 设计"选项卡的"绘图边框"选项组中的擦除按钮 🧽，单击不需要的线段，即将该线段擦除。

④ 完成表格的绘制后，按下键盘上的 Esc 键，或者在"表格工具 设计"选项卡中，单击"绘图边框"选项组中的"绘制表格"按钮 ✐，表格绘制状态结束。

4．使用快速表格

通过选择快速表格命令，用户可以直接选择之前设定好的表格格式，从而提高工作效率。具体操作方法为：单击"插入"选项卡的"表格"选项组中的"表格"按钮，在弹出的下拉菜单中选择"快速表格"命令，在弹出的下一级菜单中选择相应的选项，即可插入需要的表格。

3.5.2　表格编辑

1．向表格输入内容

用鼠标单击需要输入内容的单元格或按"Tab"、上/下/左/右键移动文本插入点，使表格处于编辑状态，然后开始输入内容即可。

2．将文本转换为表格

在 Word 2010 文档中，用户可以很容易地将文字转换成表格，但在操作时一定要注意使用分隔符将文本合理分隔。具体的操作步骤为：

① 为准备要转换为表格的文本添加段落标记和分隔符（通常使用最常见的英文半角逗号、空格分隔符），并选中要转换成表格的所有文字。

② 在"插入"选项卡的"表格"选项组中单击"表格"按钮，在弹出的下拉菜单中选择"文本转换成表格"命令，打开如图 3-57 所示的"将文字转换成表格"对话框。

③ 设置好表格尺寸的列数，选择"'自动调整'操作"和"文字分隔位置"区域的选项后，单击"确定"按钮就可以将选择的文本转换为表格。

3. 将表格转成文本

在 Word 中也可将表格转换成文本。具体操作为：

① 选中要转化的表格。

② 单击"表格工具"下的"布局"选项卡中"数据"选项组中的"转换为文本"按钮，弹出"表格转换成文本"对话框，如图 3-58 所示。

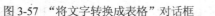

图 3-57 "将文字转换成表格"对话框   图 3-58 "表格转换成文本"对话框

③ 在"文字分隔符"中选择作为文本分隔符的选项。

● 段落标记：将每个单元格的内容转换成一个段落。

● 制表符：每个单元格的内容转化完后用制表符分隔，每行内容转成一个段落。

● 逗号：每个单元格的内容转化完后用逗号分隔，每行内容转成一个段落。

● 其他字符：可在对应的文本框中输入用作分隔符的半角字符，每个单元格的内容转化完后用输入的字符分隔，每行内容转成一个段落。

4. 管理表格中的单元格、行和列

（1）插入单元格、行或列

在表格中插入这 3 种对象的方法有 3 种。

方法一：使用右键快捷菜单法。选择要在附近插入单元格、行或列的单元格右击，在弹出的快捷菜单中选择"插入"命令，在其下一级菜单中即可选择相应的命令。

方法二：通过选项卡插入法。选择要在附近插入行或列的单元格，单击"表格工具"下的"布局"选项卡的"行和列"选项组的相应按钮。

方法三：通过对话框插入法。选择要在附近插入单元格、行或列的单元格，右键单击，在弹出的快捷菜单中选择"插入"命令，在其下一级菜单中选择"插入单元格"命令；或在"表格工具"下的"布局"选项卡中单击"行和列"选项组右下角的"对话框启动器"，打开"插入单元格"对话框，选择相应的选项。

（2）删除单元格、行或列

在表格中删除不需要的单元格、行和列的方法如下。

方法一：使用右键快捷菜单法。选中要删除的单元格、行或列，单击鼠标右键，在弹出的快捷菜单中选择相应的"删除"命令即可。

　　方法二：使用选项卡删除法。选中要删除的单元格、行或列，单击"表格工具"下的"布局"选项卡的"行和列"选项组的"删除"按钮 ▨，在弹出的下拉菜单中选择相应的"删除"命令即可。

5. 合并与拆分单元格或表格。

（1）合并单元格

合并单元格就是将同一行或同一列的两个或多个相邻单元格合并为一个单元格。具体的操作步骤为：

① 选择要合并的单元格。

② 单击"表格工具"下的"布局"选项卡的"合并"选项组中的"合并单元格"按钮 ▦，或右键单击，在弹出的快捷菜单中选择"合并单元格"命令。

（2）拆分单元格

拆分单元格就是将表格的一个单元格拆分为更多的单元格。具体的操作步骤为：

① 选择要拆分的单元格。

② 单击"表格工具"下的"布局"选项卡的"合并"组中的"拆分单元格"按钮 ▦，或右键单击，在弹出的快捷菜单中选择"拆分单元格"命令。

③ 在弹出的"拆分单元格"对话框中设置好行数和列数，单击"确定"按钮，即实现了单元格的拆分。

（3）拆分表格

拆分表格就是将一个大表格拆分成两个表格。具体的操作步骤为：

① 将插入点移到将作为新表格第一行的行中。

② 单击"表格工具"下的"布局"选项卡的"拆分表格"按钮 ▦。

3.5.3　美化表格

1. 套用内置的表格样式

　　Word 2010 程序中内置了许多已经设置好的表格样式，通过套用这些表格样式，可以快速美化表格的外观。具体实施时，首先将文本插入点定位到表格中，单击"表格工具"下的"设计"选项卡，单击"表格样式"选项组中的列表框按钮，在弹出的下拉列表框中选择需要套用的内置表格样式，如图 3-59 所示。

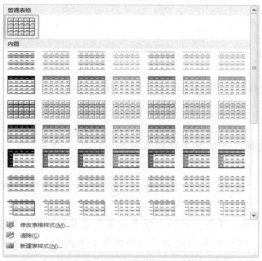

图 3-59　"表格样式"列表框

2. 设置表格的边框和底纹

为表格设置边框和底纹可以使表格更加美观、层次更加清晰。在设置前首先要选中需要设置边框和底纹的表格对象，用以下两种方法中的任意一种均可完成设置。

方法一：在"开始"选项卡的"段落"选项组中或在"表格工具"下的"设计"选项卡的"表格样式"选项组中，单击"底纹"按钮 A 或"边框"按钮 ⊞ ，在弹出的下拉面板中即可选择底纹的颜色或简单的边框。

方法二：在"开始"选项卡的"段落"选项组中或在"表格工具"下的"设计"选项卡的"表格样式"选项组中，单击"边框"按钮 ⊞ ，在弹出的下拉菜单中选择"边框和底纹"命令，打开如图 3-60 所示的"边框和底纹"对话框，选择不同的选项卡进行设置。

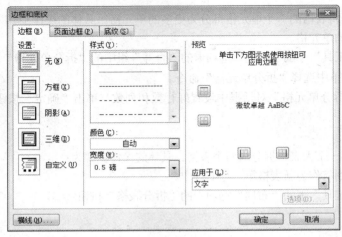

图 3-60　"边框和底纹"对话框

3.6　在文档中使用图片及其他对象

在文档中增加图片对象可以增强文档的视觉效果，使阅读者能比较轻松地理解文档。

3.6.1　插入图片对象

1. 剪贴画

剪贴画是 Office 套装软件所提供的图片库，包含很多的图片和图标。

自己动手

在"原文.docx"第一段插入一幅有关船的剪贴画。

具体操作步骤如下。

第一步：将光标移到第一段的任一位置并单击"插入"选项卡的"插图"选项组中的"剪贴画"按钮 。

第二步：在打开的"剪贴画"任务窗格的"搜索文字"文本框中输入与剪贴画相关的文本（在此输入"船"），单击"搜索"按钮，下拉列表框就会呈现与输入文本内容相关的剪贴画了，如图 3-61 所示。

第三步：单击所选择的剪贴画缩略图，即可在光标所在位置插入该剪贴画。

2．插入图片文件

自己动手

在"原文.docx"第二段插入一幅有关电脑上存储的人物图片文件。

具体操作步骤如下。

第一步：将光标移到第二段的任一位置并单击"插入"选项卡的"插图"选项组中的"图片"按钮 。

第二步：在打开的"插入图片"对话框的列表框中选择图片文件 kk.jpg，如图 3-62 所示。若插入来自网络中的图片时，则在"文件名"文本框中输入图片所在的网络路径，再单击"插入"按钮。

图 3-61　"剪贴画"任务窗格　　　　　　　　图 3-62　"插入图片"对话框

3．形状

形状是由点、线绘制成的一种图形对象。具体实施时，首先单击"插入"选项卡的"插图"组的"形状"按钮 ，然后在弹出的下拉列表中选择一种需要的样式，当鼠标变成 ╋ 时，在文本编辑区中按下鼠标左键拖动即可创建一个形状。

4．截取屏幕图片

Word 2010 提供了屏幕截图功能，所截图片可直接插入文档中。具体实施时，首先将光标移到需要图片的位置，单击"插入"选项卡的"插图"组的"屏幕截图"按钮 ，在"可用视图"下拉列表框中选择所需要的屏幕图片即可。

5．SmartArt 图形

Word 2010 中提供了列表、流程、循环等 8 种类别的 SmartArt 图形，它有助于帮助读者理解作者的意图，可快速、轻松、有效地传递信息。

单击"插入"选项卡的"插图"组中的"SmartArt"按钮 ，在打开的如图 3-63 所示的"选择 SmartArt"图形对话框中，选择需要的图形后单击"确定"按钮即可。

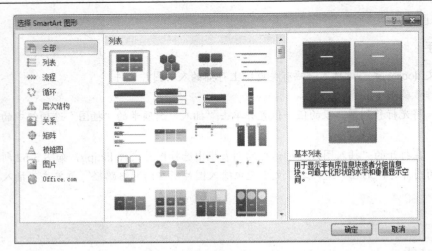

图 3-63 "选择 SmartArt 图形"对话框

6. 文本框

文本框可以使文字表达形式更为丰富和多样。在文本框中可以放置文本、图片和形状等对象，而且可以对文本框进行各种格式设置（如填充效果、形状样式等），从而使文档更为美观。

（1）插入内置样式的文本框

Word 2010 中内置了大量的文本框样式，主要在排版位置、颜色和大小上有所区别，用户可以根据需要选择一种直接使用。

在文档中插入内置样式的文本框时，无需精确定位文本插入点，只需将文本插入点定位到需要插入文本框的页面中即可。具体实施时，首先单击"插入"选项卡的"文本"选项组中的"文本框"按钮，然后在弹出的下拉菜单中的"内置"栏中选择需要的选项将其插入到文档中，最后在该文本框中键入自己所需的内容即可。

（2）手动绘制文本框

用户可以根据实际需要手动绘制横排或竖排的文本框。横排文本框与竖排文本框的区别主要在于其内部文本的排列方向不同。具体操作为：单击"插入"选项卡的"文本"选项组的"文本框"按钮，在弹出的下拉菜单中选择"绘制文本框"或"绘制竖排文本框"命令，当鼠标变为十时，按下鼠标左键不放并拖动，直到文本框达到期望的大小，释放鼠标按钮，即可在文档中绘制一个文本框。

文本方向除由横排竖排文本框决定外，在文本框中单击鼠标右键，在弹出的快捷菜单中选择"文字方向"命令，在打开的"文字方向-文本框"对话框中可以设置更多的文本排列方向。

7. 艺术字

使用艺术字可以在文档中插入具有特殊效果的文字。具体实施时，首先将光标定位到需要处，然后单击"插入"选项卡的"文本"选项组中的"艺术字"按钮，在弹出的下拉菜单中选择合适的艺术字样式，打开如图 3-64 所示的"请在此放置您的文字"的艺术字样框，删除其文字，输入自己的文字内容即可，如图 3-65 所示。

图 3-64 "请在此放置您的文字"的艺术字样框　　　　　　图 3-65 输入自己的艺术字

3.6.2　编辑和修饰图片及相应对象

1．编辑图形对象中的文本内容

在上面插入的对象中，形状、SmartArt 图形、文本框和艺术字中均可以添加文本内容。其方法如下。

方法一：将光标移动到对象中单击即可编辑对象中的文本内容。

方法二：选择要编辑的对象，右键单击，在弹出的快捷菜单中选择"编辑文字"命令。

方法三：选择 SmartArt 图形，单击"SmartArt 工具　设计"选项卡的"创建图形"选项组中的"文本窗格"按钮▣，弹出"文本窗格"，光标定位到指定位置后即可实现在 SmartArt 图形中快速键入文本内容。

2．调整对象大小

如果插入到文档中的图片及相应对象大小不适合文档编排的需要，就可对其大小进行调整。调整对象大小的方法如下。

方法一：用鼠标拖动直接调整。选中要调整大小的图形（或图形的一部分），其四周会出现 8 个控制点，如图 3-66 所示，将鼠标光标移动到这些控制点上，当鼠标光标变成双向箭头时，按下鼠标左键拖动，即可调整图片的高度、宽度或等比例缩放图片。

方法二：设置精确的对象大小参数。选中要调整大小的对象，根据选中对象的不同，功能区会出现"**工具　格式"选项卡（**可能为文本框、图片、绘图、艺术字和 SmartArt），在其中的"大小"组中可以设置对象的高度和宽度从而调整其大小，还可单击"大小"选项组右下角的"对话框启动器"按钮，在弹出的对话框中的"大小"选项卡中设置对象的高度和宽度。

图 3-66　图片对象的 8 个控制点

3．旋转对象

通过旋转对象，可使对象的呈现更具个性，以达到美化文档的目的。旋转方法如下。

方法一：用鼠标拖动直接旋转图片。选中要旋转的图形，其四周除了会出现 8 个控制点外，其顶端还有一个绿色的控制点，当鼠标光标移动到该绿色控制点上并变成 形状时，按下鼠标左键不放并拖动，可以任意调整对象的旋转角度。

方法二：通过"旋转"菜单旋转。选择要旋转的对象，单击"**工具 格式"选项卡的"排列"选项组中的"旋转"按钮，在弹出的下拉菜单中可选择特定的旋转命令。

方法三：设置精确的旋转度数。选择要旋转的对象后，单击"**工具　格式"选项卡的"大小"选项组右下角的"对话框启动器"按钮，在弹出的对话框中的"大小"选项卡中可设置精确的旋转度数。

4．图片及相应对象与文字环绕方式的设置

文字环绕方式是指插入到文档中的图片及对象相对于文本内容的排列方式。环绕方式大致可分为嵌入型、环绕型和浮动型 3 种。其中环绕型又包括四周环绕、紧密环绕、上下环绕和穿越环绕；浮动型又包括衬于文字下方、浮于文字上方。上述插入的图形、形状、文本框和艺术字默认为浮于文字上方，其余的均默认为嵌入型文字环绕方式。

更改文字环绕方式的方法如下。

　　方法一：选择要更改版式的图形后，单击相应工具的"格式"选项卡的"排列"选项组的"自动换行"按钮，在弹出的下拉面板中选择相应的选项，或选择"其他布局选项"命令，弹出如图3-67所示的"布局"对话框，选择相应的选项再单击"确定"按钮即可。

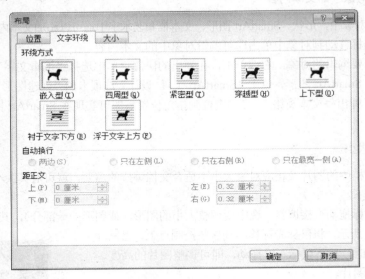

图 3-67　"布局"对话框

　　方法二：右键单击要更改环绕方式的图片及对象，在弹出的快捷菜单中，选择"自动换行"命令，在其下一级菜单中选择相应的选项即可，或选择"其他布局选项"命令，弹出"布局"对话框，选择相应的选项再单击"确定"按钮即可。

3.7　邮 件 合 并

　　在实际工作中，常常需要处理这样一类文档：它们的主体内容是完全相同的，只是在细节部分有所差异，比如录取通知书、毕业证书、请柬、邀请函、会议通知单等。如果每份文档都单独处理，会耗费大量的时间，使用 Word 2010 的邮件合并功能可以快速方便地解决这个问题。

　　邮件合并指的是将主体内容的文档和细节数据合并，形成批量文档，所以邮件合并的第一步是创建这两个文件，第二步进行合并。

3.7.1　主控文档

　　主控文档指的是主体内容的文档，它是必须单独编辑并利用前面的知识修饰好的文档。

自己动手

　　创建一个新文档作为主控文档，内容及布局如图 3-68 所示。

　　具体操作步骤如下。

　　第一步：启动 Word 2010，新建一个空白文档。

　　第二步：按照图 3-68 所示的内容及布局进行编辑。

　　第三步：自己调整文字格式和段落格式。

　　第四步：保存该文档到桌面上，文件名为"邀请函"。

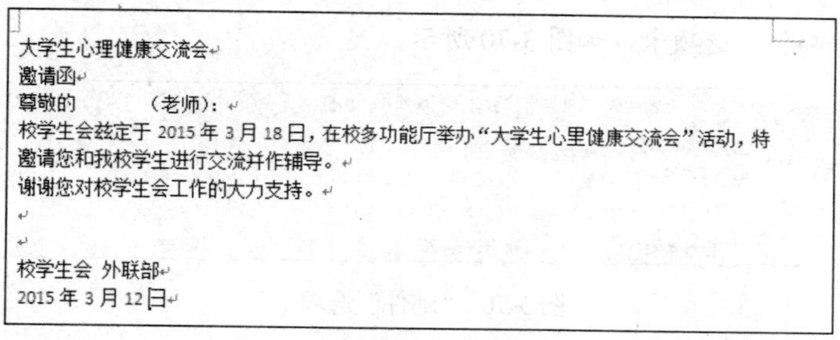

大学生心理健康交流会
邀请函
尊敬的　　　（老师）：
校学生会兹定于 2015 年 3 月 18 日，在校多功能厅举办“大学生心里健康交流会”活动，特邀请您和我校学生进行交流并作辅导。
谢谢您对校学生会工作的大力支持。

校学生会 外联部
2015 年 3 月 12 日

图 3-68　主控文档的内容与布局

3.7.2　细节数据

细节数据可以在需要时临时创建，但通常用户更喜欢将细节数据存放在数据文件中，这些数据是需要填入主控文档所留出的空白位置的数据。若将细节数据存放在文件中，该文件通常都是一个表格，这个表格可以是 Word 表格、文本文件格式的表格、Excel 表格、网页格式表格以及数据库中的表格。将细节数据存放在表格中的最大好处是随时可以使用它。

自己动手

创建一个工作簿作为细节数据文件，内容及布局如图 3-69 所示。

具体操作步骤如下。

第一步：启动 Excel 2010，新建一个空工作簿。

第二步：按照图 3-69 所示的内容及布局进行编辑。

第三步：保存该文档到桌面上，文件名为“通讯录”。

姓名	性别	公司	地址	邮政编码
刘威	男	电子工业出版社	北京市太平路23号	100036
马力	男	中国青年出版社	北京市东城区东四十条94号	100007
徐梅美	女	天津广播电视大学	天津市南开区迎水道1号	300191
丁松	男	正同信息技术发展有限公司	北京市海淀区二里庄	100083
曹俊辉	男	清华大学出版社	北京市海淀区知春路西格玛中心	100080

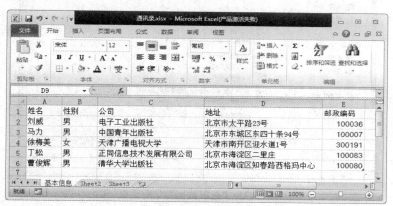

图 3-69　细节数据的文件

3.7.3　邮件合并

利用“邮件合并”可以快速地将细节数据与主控文档合并，形成批量文档。

自己动手

将主控文档“邀请函.docx”与细节数据文件“通讯录.xlsx”合并，形成批量邀请函。

具体操作步骤如下。

第一步：打开主控文档“邀请函.docx”。

第二步：单击"邮件"选项卡，如图 3-70 所示。

图 3-70　"邮件"选项卡

图 3-71　"选择收件人"下拉列表

第三步：选中"开始邮件合并"选项组中的"选择收件人"，弹出下拉列表，如图 3-71 所示。

第四步：由于已经创建了数据文件，所以在此选中"使用现有列表"，弹出"选取数据源"对话框，在对话框中选择已经创建好的数据源文件"通讯录.xlsx"，如图 3-72 所示。

第五步：弹出"选择表格"对话框，选择数据所在表格，默认为第一张表格，如图 3-73 所示。在此选择"基本信息$"，单击"确定"按钮。

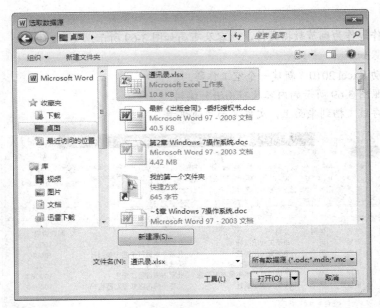

图 3-72　"选取数据源"对话框

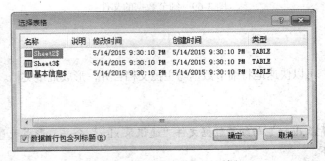

图 3-73　"选择表格"对话框

第六步：将光标定位到"尊敬的"后面，单击"邮件"选项卡下的"编写和插入域"选项组中的"插入合并域"命令，在弹出的下拉列表中选择要插入的域"姓名"。

第七步：单击"邮件"选项卡下的"完成"选项组中的"完成并合并"命令，在下拉列表中选择"编辑单个文件"命令，弹出"合并到新文档"对话框，如图 3-74 所示。

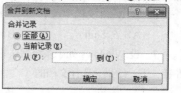

图 3-74　"合并到新文档"对话框

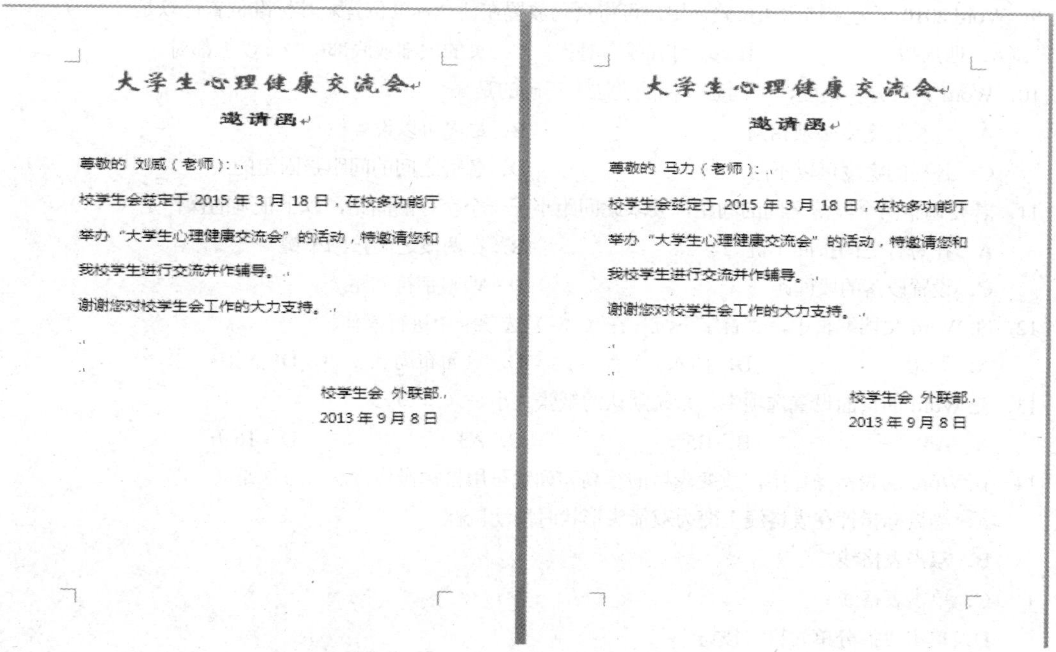

第八步：选择"全部"单选按钮，单击"确定"按钮，Word 将自动合并文档，并将全部记录放到一个新文档中，将该文件保存为"全部人员邀请函.docx"。邮件合并后的效果如图 3-75 所示。

大学生心理健康交流会
邀请函

尊敬的 刘威（老师）：

校学生会兹定于 2015 年 3 月 18 日，在校多功能厅举办"大学生心理健康交流会"的活动，特邀请您和我校学生进行交流并作辅导。

谢谢您对校学生会工作的大力支持。

校学生会 外联部
2013 年 9 月 8 日

大学生心理健康交流会
邀请函

尊敬的 马力（老师）：

校学生会兹定于 2015 年 3 月 18 日，在校多功能厅举办"大学生心理健康交流会"的活动，特邀请您和我校学生进行交流并作辅导。

谢谢您对校学生会工作的大力支持。

校学生会 外联部
2013 年 9 月 8 日

图 3-75　邮件合并后的效果

习　　题

1．在 Word 编辑状态下，实现全角/半角切换的组合键是（　　）。

　　A．Ctrl+空格　　　　　　B．Shift+空格　　　　C．Shift+Ctrl　　　　D．Shift+Alt

2．Word 2010 在保存文档时，默认的文档扩展名是（　　）。

　　A．.txt　　　　　　　　B．.doc　　　　　　　C．.docx　　　　　　D．.doct

3．在 Word 2010 环境下，Word 2010 应用软件（　　）。

　　A．只能打开一个文件　　　　　　　　B．不可以打开文本文件和系统文件

　　C．可以同时打开多个文件　　　　　　D．最多打开 5 个文件

4．如果想选择 Word 2010 文档中的一个矩形部分，正确的方法是（　　）。

　　A．直接拖动鼠标　　　　　　　　　　B．按住"Ctrl"键拖动鼠标

　　C．按住"Shift"键拖动鼠标　　　　　D．按住"Alt"键拖动鼠标

5．在 Word 文档编辑中，复制文本使用的快捷键是（　　）。

    A．Ctrl+A   B．Ctrl+C   C．Ctrl+V   D．Ctrl+Z

6．在 Word 文档中选中一句，则应按住（   ）键单击句中任意位置。

    A．左 Shift   B．右 Shift   C．Ctrl   D．Alt

7．设 Windows 处于系统默认状态，在 Word 编辑状态下，移动鼠标至文档行首空白处（文本选定区）连击左键三下，结果会选择文档的（   ）。

    A．一句话   B．一行   C．一段   D．全文

8．在 Word 2010 的编辑状态，图像可以以多种环绕形式与文本混排。以下（   ）不是它提供的环绕方式。

    A．居中   B．四周型   C．上下型   D．穿越型

9．Word 2010 可为文档添加页码，用户可将页码放置在任一标准位置。其标准位置可以是（   ）。

    A．四周型   B．左对齐或右对齐   C．页的顶部或底部   D．以上都对

10．Word 具有分栏功能，下列对分栏的说法中正确的是（   ）。

    A．各栏的宽度必须相同   B．最多可以设 4 栏

    C．各栏的宽度可以不同   D．各栏之间的间距是固定的

11．若要调整两个段落之间的间距，要求此间距小于一个空行的间距，以下正确的操作是（   ）。

    A．在每行之间按回车键   B．在两段之间按回车键

    C．设置段落的段间距   D．调整字符间距

12．在 Word 文档编辑中，"首字下沉"在（   ）选项卡中进行操作。

    A．开始   B．插入   C．页面布局   D．视图

13．在 Word 的页面设置选项中，系统默认的纸张大小是（   ）。

    A．A4   B．B5   C．A3   D．16 开

14．在 Word 的表格操作中，改变表格的行高和列宽可用鼠标操作方法，方法是（   ）。

    A．当鼠标指针在表格线上变为双箭头形状时拖动鼠标

    B．双击表格线

    C．单击表格线

    D．单击"拆分单元格"按钮

15．在 Word 的编辑状态，选择了整个表格，执行了表格菜单中的"删除行"命令，则（   ）。

    A．整个表格被删除   B．表格中一行被删除

    C．表格中一列被删除   D．表格中没有被删除内容

16．在 Word 的编辑状态连续进行了两次"插入"操作，当单击一次"撤销"按钮后（   ）。

    A．将两次插入的内容全部取消   B．将第一次插入的内容取消

    C．将第二次插入的内容取消   D．两次插入的内容都不被取消

17．在 Word 的编辑状态，执行"粘贴"命令后（   ）。

    A．被选择的内容移到插入点   B．被选择的内容移到剪贴板

    C．剪贴板中的内容移到插入点   D．剪贴板中的内容复制到插入点

18．在 Word 中打开一个文档，对文档做了修改，单击标题栏的"关闭"按钮后（   ）。

    A．文档被关闭，并自动保存修改后的内容   B．文档被关闭，但修改后的内容不能保存

    C．文档不能关闭，并提示出错   D．弹出对话框，并询问是否保存对文档的修改

19．在"打印"面板中的"页数"文本框中，输入"1, 4, 7-10"，表示要打印（   ）。

    A．第 1 页至第 10 页   B．第 1、4、7 页

    C．第 7 页至第 10 页   D．第 1、4、7、8、9、10 页

20．Word 中，以下说法正确的是（   ）。

A. 可将文本转化为表格，但表格不能转成文本
B. 可将表格转化为文本，但文本不能转成表格
C. 文本和表格不能互相转化
D. 文本和表格可以互相转化

实　　验

1. 制作一份个人简历，如图 3-76 所示。

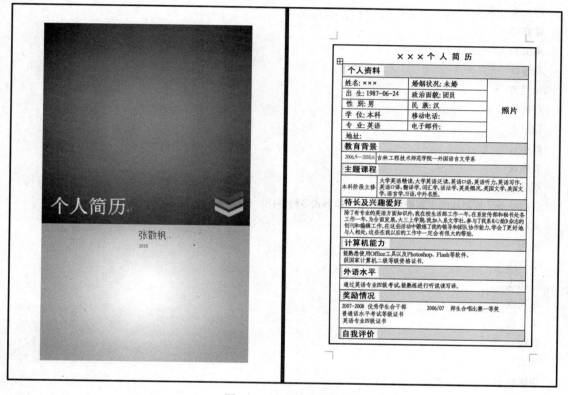

图 3-76　个人简历样例

具体要求：

（1）使用"对比度"封面，在封面上输入个人简历和本人姓名，如图 3-76 所示。

（2）插入一个 18 行 3 列的表格，在表格中进行适当的合并单元格操作，表格的条目有 8 个，分别是个人资料、教育背景、主修课程、特长及兴趣爱好、计算机能力、外语水平、奖励情况、自我评价。在其中输入相应内容。

（3）给表格加 3 磅的外框、1 磅的内框。

（4）合理设置字体、字形、字号。

2. 输入以下文本

京剧简介

京剧于清光绪年间形成于北京。其前身为徽剧，通称皮簧戏，同治、光绪两朝，最为盛行。

徽戏进京是在公元 1790 年（清乾隆五十五年），最早进京的徽戏班是安徽享有盛名的"三庆班"。随后来

京的又有"四喜"、"和春"、"春台"诸班，合称"四大徽班"。

道光年间，汉调进京，被二簧调吸收，形成徽汉二腔合流。光绪、宣统年间，北京皮簧班接踵去上海演出，因京班所唱皮簧与同出一源、来自安徽的皮簧声腔不同，而且更为悦耳动听，遂称为"京调"，以示区别。民国以后，上海梨园全部为京班所掌握，于是正式称京皮簧为"京戏"。"京戏"一名，实创自上海，而后流传至北京。

京剧形成以来，涌现出大量的优秀演员，他们对京剧的唱腔、表演，以及剧目和人物造型等方面的革新、发展做出了贡献，形成了许多影响很大的流派。

主要代表人物有：

程长庚

谭鑫培

周信芳

马连良

梅兰芳

程砚秋

荀慧生

尚小云

裘盛戎

刘赶三

京剧继承了皮簧戏的丰富剧目，其题材和形式多种多样，有：

文戏

武戏

唱功戏

做功戏

对儿戏

折子戏

群戏

本戏

中华瑰宝

请根据文本内容完成下述要求：

（1）将上述文本标题"京剧简介"设置为艺术字，居中显示，样式自己决定。

（2）为"主要代表人物有："加深红色底纹，文字颜色为白。

（3）为10位代表人物设置等宽的两栏，每位人物加合适的项目符号。

（4）为"京剧继承了皮簧戏的丰富剧目，其题材和形式多种多样，有："同样加深红色底纹，文字颜色为白。

（5）为8种戏设置等宽的两栏，每种戏加合适的项目符号。

（6）设置"中华瑰宝"为：华文行楷、32磅、字间距加宽10磅，"华"和"宝"字提升8磅加浅灰色底纹，"中"和"瑰"加深灰色底纹并设置文字颜色为白。

（7）"中华瑰宝"整体加带阴影的双线边框。

（8）正文所有段落首行缩进2字符，文档加音符的页面边框。

（9）纸张：A4、纵向；页边距：上、下各2.5厘米，左、右各2厘米。

（10）上网下载一幅与京剧有关的图片，将其以"紧密型"放置于正文第三段中，适当调整大小。

最后的效果如图3-77所示。

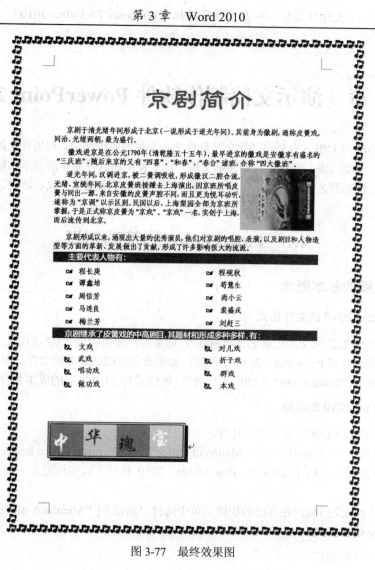

图 3-77　最终效果图

第 4 章   演示文稿制作软件 PowerPoint 2010

PowerPoint 2010 是 Office 办公自动化套装软件的一个重要组成部分，利用该软件可以十分轻松地制作出图文并茂、生动活泼、交互性强的演示文稿。由于使用该软件制作的演示文稿可以直接在计算机上播放，也可以投影到大屏幕上显示，因此目前已广泛应用于多媒体会议、演讲、产品发布以及教学等场合。

4.1   PowerPoint 的基础知识

4.1.1   演示文稿的基本概念

1．PowerPoint 2010 的文件格式

PowerPoint 2010 默认的文件扩展名是".pptx"。如果用户使用的是 2007 及以前的版本，可以通过安装更新和转换器来打开 PowerPoint 2010 工作簿。如果希望存成低版本的文件，可以利用"另存为"命令，将文件保存为"PowerPoint 97-2003 工作簿"，该模式与 2010 以前的版本兼容。

2．PowerPoint 2010 的启动

启动 PowerPoint 2010 的方法有以下几种。

① 单击"开始"｜"所有程序"｜" Microsoft Office" ｜"Microsoft Office PowerPoint 2010"命令。

② 移动鼠标至桌面上的 Microsoft　PowerPoint　2010 快捷方式图标 上，双击鼠标左键，即可实现启动。

③ 右击桌面上的空白处，在弹出的快捷菜单中选择"新建"｜"Microsoft office PowerPoint 演示文稿"，可启动 PowerPoint 2010。

3．PowerPoint 的窗口

PowerPoint 的工作窗口主要由以下几部分组成。

（1）标题栏

标题栏位于窗口的顶部，用来显示当前工作簿的文件名，其右边有"最小化"、"最大化/还原"和"关闭" 3 个按钮，其左边通常是"自定义快速访问工具栏"。

（2）选项卡

选项卡一般位于标题栏下方，常用的选项卡主要有"文件"、"开始"、"插入"、"页面布局"、"公式"、"数据"、"审阅"、"视图"等，选项卡下还包含若干选项组，有时根据操作对象的不同，还会智能化地增加相应的选项卡。

（3）功能区

在 PowerPoint 2010 中，用于替代菜单和工具栏的是功能区。功能区包含多个围绕特定方案或对象进行组织的选项卡，如图 4-1 所示。

（4）演示文稿编辑区

在功能区的下方就是演示文稿编辑区，它主要包括 3 个窗口区，分别是"幻灯片/大纲"窗口区、"幻灯片"窗口区和"备注"窗口区，如图 4-2 所示。

图 4-1　功能区

图 4-2　演示文稿编辑区的 3 个窗口区

其中：

- "幻灯片/大纲"窗口区：包含两个选项卡，分别是"幻灯片"和"大纲"。"幻灯片"选项卡可以显示各幻灯片的缩略图，选中某一幻灯片缩略图，该幻灯片会立刻在"幻灯片"窗口区显示；"大纲"选项卡可以显示各幻灯片的标题和正文信息。
- "幻灯片"窗口区：专门进行幻灯片内容编辑的窗口区。
- "备注"窗口区：用于标注对幻灯片上内容的局部解释和说明等信息。

（5）状态栏

位于窗口最下方，用于显示当前幻灯片的序号、演示文稿文件的幻灯片总张数、幻灯片的主题等信息。

4．PowerPoint 的退出

退出 PowerPoint 的方法主要有以下几种。

① 单击 PowerPoint 窗口左上角的"文件"选项卡 ，在弹出的后台视图中单击"退出" 命令。

② 单击窗口右上角的"关闭"按钮 。

③ 右击窗口标题栏，在弹出的快捷菜单中选择"关闭"命令。

④ 按快捷键"Alt+F4"。

⑤ 按"Alt+F4"组合键。

4.1.2　演示文稿的视图模式

PowerPoint 2010 有 6 种视图模式，分别是普通视图、幻灯片浏览视图、备注页视图、阅读视图、幻灯片放映视图以及母版视图，通常情况下我们使用的都是普通视图。在实际操作中用户可以根据需要使用不同的视图模式。

1. 普通视图

普通视图是 PowerPoint 2010 默认的视图模式，在该视图模式中，用户可以编辑幻灯片上的各种对象，包括文字对象、图片对象、声音对象、视频对象等；修饰幻灯片上的对象；修饰幻灯片；查看幻灯片；设置幻灯片上对象动画；设置幻灯片的切换方式等一系列的操作。该视图是演示文稿中最重要、最核心的视图模式，如图 4-3 所示。

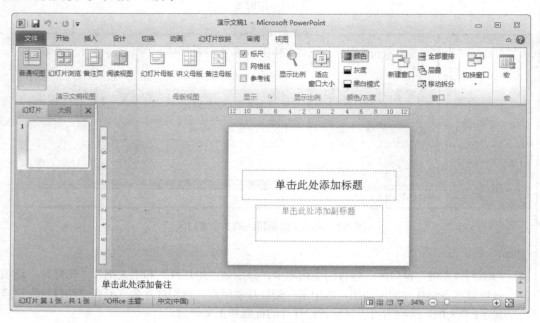

图 4-3　普通视图

2. 幻灯片浏览视图

幻灯片浏览视图是以缩略图的形式对演示文稿中的多张幻灯片同时进行浏览。在该视图模式下，用户可以同时查看多张幻灯片的主标题，可以方便地实现对幻灯片的移动、复制和删除操作，可以从整体上看到幻灯片的搭配是否合理等，如图 4-4 所示。

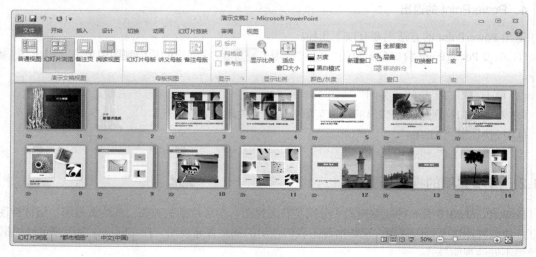

图 4-4　浏览视图

3．备注页视图

备注页视图总是位于幻灯片的下方。在备注页视图中可以键入幻灯片的相关备注，备注信息在演示文稿放映时不会出现，当其被打印为备注页时才显示。通过拖动幻灯片编辑窗格和备注窗格中间的分隔线，可以调整备注窗格的大小，如图 4-5 所示。

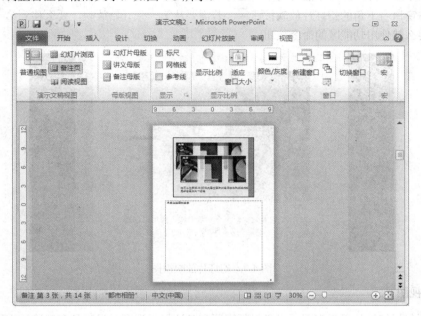

图 4-5　备注页视图

4．阅读视图

阅读视图是一种特殊的幻灯片查看模式，用户可以使用该视图模式实现在屏幕上快速阅读幻灯片上的重要信息以及它们的布局和动画方案。由于该模式不隐藏 Windows 的任务栏，因此在阅读时可以快速切换到其他模式或其他应用程序上，如图 4-6 所示。

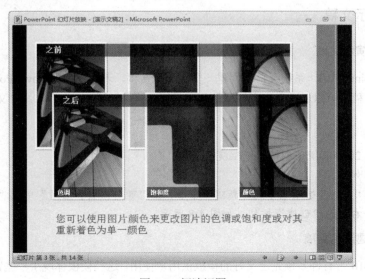

图 4-6　阅读视图

5. 幻灯片放映视图

幻灯片放映视图主要用于观看幻灯片的放映效果，在该视图下可以看到幻灯片上各对象的动画效果、超链接效果等。放映幻灯片是我们制作演示文稿的最终目的。在幻灯片放映视图下，PowerPoint以全屏方式显示幻灯片，此时不能对幻灯片进行编辑操作，如图 4-7 所示。若想从当前幻灯片开始放映，只需单击窗口右下角的幻灯片放映按钮 🖵，若需要从第一张开始放映，要么移到第一张幻灯片，按此按钮，要么就使用功能区的命令按钮。

图 4-7　幻灯片放映视图

6. 母版视图

母版视图包括幻灯片母版视图、讲义母版视图和备注母版视图。母版是存储演示文稿信息的主要幻灯片，其中包括版式、背景、颜色、字体、效果等。通过对幻灯片母版、备注母版或讲义母版上信息的调整，可以对与该母版关联的每个幻灯片、备注页或讲义的样式进行整体更改。

4.2　演示文稿的基本操作

4.2.1　创建演示文稿

1. 创建空白演示文稿

启动 PowerPoint 2010，系统会自动创建一个空演示文稿，若想在启动 PowerPoint 2010 成功后再创建一个空演示文稿，可以通过自定义快速访问工具栏、快捷键"Ctrl+N"以及"文件"选项卡实现。

自己动手

在 PowerPoint 2010 环境下创建一个空演示文稿。

具体操作步骤如下。

第一步：选择"文件"选项卡下的"新建"命令，在"可用模板和主题"中选"空白演示文稿"。

第二步：单击右侧的"创建"按钮，如图 4-8 所示。

2. 用模板创建演示文稿

PowerPoint 2010 带有许多预先定义好的模板供用户使用，这些模板体现了一些常用的演示文稿风格，如宽屏演示文稿、培训、现代型相册等。

图 4-8　创建空白演示文稿

自己动手

用"古典型相册"模板创建一个演示文稿。

具体操作步骤如下。

第一步：选择"文件"选项卡中的"新建"命令，在"可用模板和主题"中选"样本模板"。

第二步：在弹出的窗体中选择"古典型相册"，单击右侧的"创建"按钮，如图 4-9 所示。

第三步：在新建的演示中添加自己所需的对象，即可完成创建相应演示文稿的任务，如图 4-10 所示。

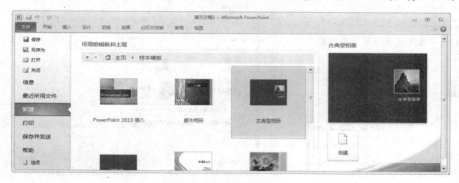

图 4-9　以模板"古典型相册"创建演示文稿

图 4-10　新建的演示文稿

4.2.2　保存演示文稿

创建及修改后的演示文稿要及时保存，以免因一些突发事情而导致内容的丢失。PowerPoint 2010 的演示文稿默认为".pptx"格式，如果要将 PowerPoint 2010 演示文稿保存为其他格式的文档，可在"另存为"对话框中的"保存类型"列表框中进行选择。

1．手动保存

自己动手

将上面用模板新建的演示文稿以"我的相册-古典风.pptx"保存到桌面上。

具体操作步骤如下。

第一步：单击"文件"选项卡，在打开的后台视图中选择"保存"命令或按快捷键"Ctrl+S"，如图 4-11 所示。

第二步：第一次保存会弹出"另存为"对话框，选择演示文稿的保存位置，在"文件名"中输入演示文稿的名称，如图 4-12 所示。

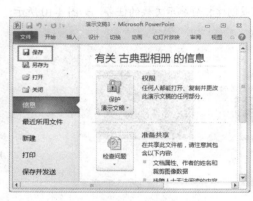

图 4-11　在后台视图中执行保存 　　　　图 4-12　决定保存位置和名称等信息的"另存为"对话框

第三步：单击"保存"按钮，即可完成新演示文稿"我的相册-古典风.pptx"的保存。

2．加密保存

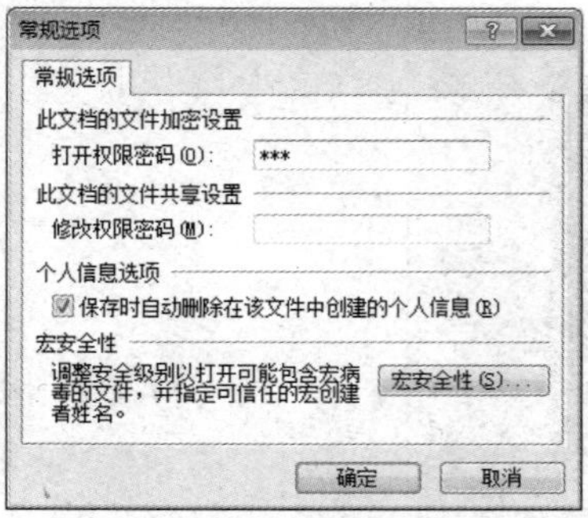

自己动手

给"我的相册-古典风.pptx"加打开密码 666。

具体操作步骤如下。

第一步：打开"我的相册-古典风.pptx"演示文稿，单击"文件"选项卡，在打开的后台视图中选择"另存为"命令，弹出"另存为"对话框。

第二步：在对话框中单击"工具"按钮右侧的下三角按钮，弹出下拉菜单，在其中选择"常规选项"命令，弹出"常规选项对话框"。

第三步：在"打开权限密码"后的文本框中输入密码 666，如图 4-13 所示，单击"确定"按钮。

图 4-13　"常规选项"对话框

第四步：弹出"确认密码"对话框，再次输入密码"666"，单击"确定"按钮。

第五步：回到"另存为"对话框，单击"保存"按钮。

4.3　演示文稿的编辑与制作

4.3.1　插入和删除幻灯片

演示文稿是由一张张幻灯片组成的，当新建一个空白演示文稿时，演示文稿中默认只包含一张幻灯片，这张幻灯片就是标题幻灯片，用户可以根据需要随时向演示文稿中添加新的幻灯片或删除幻灯片。

1．认识幻灯片版式

幻灯片版式就是幻灯片上的内容在幻灯片上的一种布局方案。它为初次制作演示文稿的用户带来了极大的便利，使得这些用户在不懂布局的情况下，也能做出较为规整的幻灯片。一旦用户对PowerPoint 提供的幻灯片版式不满意，可以通过"开始"选项卡下的"幻灯片"选项组中的"版式"命令按钮，在弹出的下拉面板中选择需要的版式，如图 4-14 所示。

2．插入幻灯片

插入幻灯片的方法有以下几种。

（1）命令法

单击"开始"选项卡下的"幻灯片"选项组中的"新建幻灯片"按钮，此时会立即在当前幻灯片前面添加一个新幻灯片，然后通过"版式"命令按钮选择合适的版式。当然，如果希望在新建幻灯片时直接选择版式，可以单击"新建幻灯片"按钮右侧的下三角按钮，在弹出的下拉面板中选择合适的版式即可，如图 4-15 所示。

图 4-14　"版式"下拉面板

图 4-15　"新建幻灯片"下拉面板

（2）快捷菜单法

在"幻灯片/大纲"窗口区的"幻灯片"选项卡下，单击鼠标右键（若需要在指定幻灯片前插新幻灯片，则需先选定该幻灯片），在弹出的快捷菜单中选择"新建幻灯片"命令即可。

（3）回车键法

在"幻灯片/大纲"窗口区的"幻灯片"选项卡下，选择需要插入新幻灯片的前一张幻灯片，按"Enter"键，可直接在该幻灯片后添加一张新幻灯片。

（4）快捷键法

在"幻灯片/大纲"窗口区的"幻灯片"选项卡下，选择需要插入新幻灯片的前一张幻灯片，按"Ctrl+M"组合键，可直接在该幻灯片后添加一张新幻灯片。

4.3.2　幻灯片中对象的添加、编辑与修饰

幻灯片仅仅是一个展台，而它所要展示的内容常称为幻灯片上的对象。能够在幻灯片上展示的对象主要包括文本对象、图形对象、声音对象、视频对象、艺术字等。在进行对象内容展示前，首先要将它们添加到幻灯片上。同时由于幻灯片上的对象太多，因此常用做法是：对象一旦编辑完成，即刻进行修饰操作。

1．文本对象的添加与修饰

文本对象是幻灯片中出现最多的一类对象，在幻灯片上添加文本对象主要通过以下两种方法实现。

（1）使用占位符编辑文字并修饰

占位符是某些版式的幻灯片上自带的虚线边框，用户可以通过单击占位符，在其中输入标题、副标题或文本内容，如图4-16所示。

图4-16　幻灯片上的占位符

自己动手

在"我的相册-古典风.pptx"第一张幻灯片的占位符中输入文字：2015 年 5 月，我的华山之行，并修饰文字：隶书、36 磅。

具体操作步骤如下。

第一步：打开"我的相册-古典风.pptx"演示文稿，选中第一张幻灯片。

第二步：单击第一张幻灯片上的占位符，鼠标变成 I 形针，输入文字：2015 年 5 月，我的华山之行。

第三步：选中文字，通过"开始"选项卡下的"字体"选项组修饰文字，如图 4-17 所示。

图 4-17　在占位符中输入文字并修饰

（2）使用文本框编辑文字并修饰

若幻灯片中没有占位符，或占位符的风格不符合需要，可以通过插入文本框来实现文字对象的添加。不过若有占位符而不用，请将占位符删除，以保证编辑界面的整洁。

文本框中的内容可单独作为文字对象展示，也可作为其他对象的辅助说明。

自己动手

在"我的相册-古典风.pptx"第一张幻灯片的上端输入文字"一次难忘的旅行"，并修饰文字：华文中宋、60 磅、居中。

具体操作步骤如下。

第一步：打开"我的相册-古典风.pptx"演示文稿，选中第一张幻灯片。

第二步：单击"插入"选项卡下的"文本"选项组中的"文本框"按钮，弹出下拉列表，如图 4-18 所示。

第三步：在其中选择"横排文本框"，按住鼠标左键不放，在幻灯片的上方拖曳绘制文本框。

第四步：在绘制好的文本框中输入文字"一次难忘的旅行"。

第五步：选中文字，通过"开始"选项卡下的"字体"选项组修饰文字，并通过"段落"选项组设置对齐方式"居中"，如图 4-19 所示。

2．图形对象的添加及修饰

图形对象的使用可以使演示的内容更为直观，让演示效果更好。在幻灯片上可以添加的图形对象包括形状、图片文件、SmartArt 图形等。

（1）形状的添加与修饰

在幻灯片的制作过程中，有时需要添加一些诸如线条、圆形、心形等形状，并通过相应工具下的"格式"选项卡，实现对形状的填充颜色、边框线颜色等一系列的修饰。

图 4-18　文本框下拉列表　　　　　　　图 4-19　在幻灯片上添加文本框并修饰

自己动手

在"我的相册-古典风.pptx"第一张幻灯片的左上端插入一个"心形"和"闪电"形状，并设置填充红色，边线颜色为白色。

具体操作步骤如下。

第一步：打开"我的相册-古典风.pptx"演示文稿，选中第一张幻灯片。

第二步：单击"插入"选项卡下的"插图"选项组中的"形状"按钮，弹出下拉列表，如图 4-20 所示。

第三步：在其中的"基本形状"中选择"心形"，在幻灯片的左上方拖曳绘制心形。

第四步：然后再到"基本形状"中选择"闪电"形状，在幻灯片的左上方拖曳绘制闪电形状，并合理调整它们的位置及大小。

第五步：选中心形形状，此时在功能区就会出现一个"绘图工具"，单击其下的"格式"选项卡，在"形状样式"选项组中分别单击"形状填充"和"形状轮廓"实现填充色和边线颜色的设置，如图 4-21 所示。

图 4-20　"形状"下拉列表　　　　　　　图 4-21　形状的添加及修饰

（2）图片文件的添加与修饰

自己动手

从网上下载一组华山风景图片（或利用自己已有的华山照片），将"我的相册-古典风.pptx"中的样例图片置换掉，同时调整图片的亮度、对比度和清晰度。（在此以第一张幻灯片上图片置换为例来说明。）

具体操作步骤如下。

第一步：打开"我的相册-古典风.pptx"演示文稿，选中第一张幻灯片中的样图，按"Delete"键将其删除。

第二步：单击"插入"选项卡下的"图像"选项组中的"图"按钮，弹出"插入图片"对话框，如图 4-22 所示，在其中找到需要的图片，单击"插入"按钮。

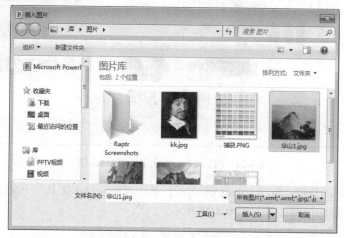

图 4-22　"插入图片"对话框

第三步：选中新插入的图片，调整位置，并利用其 8 个控制点调整其大小。

第四步：如果对该图片的亮度、对比度、清晰度不满意，选中后，在"图片工具"下的"格式"选项卡下的"调整"选项组中单击"更正"按钮，在弹出的"更正"下拉面板中选择需要的图片，如图 4-23 所示。

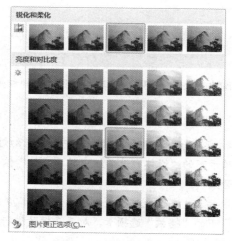

图 4-23　"更正"下拉面板

（3）SmartArt 图形的添加与修饰

SmartArt 图形能够清楚地表现层级关系、附属关系和循环关系。

① SmartArt 图形的插入：选择要插入 SmartArt 图形的幻灯片，单击"插入"选项卡下的"插图"选项组中的"SmartArt"按钮，弹出"选择 SmartArt 图形"对话框，如图 4-24 所示。在框中根据需要进行选择，选择完成后，单击"确定"按钮即可。

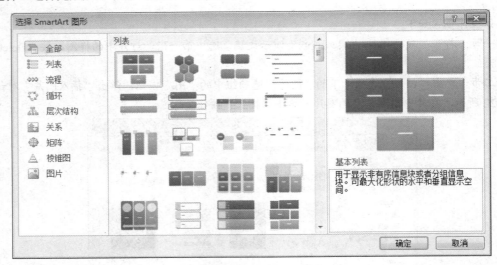

图 4-24　"选择 SmartArt 图形"对话框

② SmartArt 图形的修饰：选中 SmartArt 图形，单击"SmartArt 工具"下的"设计"选项卡，利用该选项卡可以完成相应修饰任务，如图 4-25 所示。

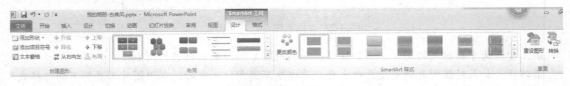

图 4-25　"设计"选项卡

3. 声音对象的添加

声音对象主要有声音文件、剪贴画音频等，其添加办法是雷同的。

自己动手

从网上下载一首乐曲"友谊地久天长.mp3"，将其添加到"我的相册-古典风.pptx"的第一张幻灯片上。

具体操作步骤如下。

第一步：打开"我的相册-古典风.pptx"演示文稿，选中第一张幻灯片。

第二步：单击"插入"选项卡下的"媒体"选项组中的"音频"按钮，弹出下拉列表，如图 4-26 所示，在其中选择"文件中的音频"。

第四步：在弹出的对话框中插入"友谊地久天长.mp3"，如图 4-27 所示。

第五步：通过"音频工具"下的"播放"选项卡，对声音播放进行相关设置，如图 4-28 所示。

图 4-26　"音频"下拉列表　　　　　　　图 4-27　在幻灯片上添加声音对象

图 4-28　"播放"选项卡

4. 视频对象的添加

为了辅助表达讲解的内容，可以在幻灯片上插入一段视频。插入的视频可来自视频文件、网站或剪贴画视频。PowerPoint 2010 支持扩展名为".wmv"、".asf"、"avi"等多种格式的视频文件。向幻灯片中插入视频的方法如下：

选定要插入视频的幻灯片，单击"插入"选项卡下的"媒体"选项组中的"视频"命令，在弹出的下拉菜单中选择"文件中的视频"或"来自网站中的视频"或"剪贴画视频"中的一项。若选择"文件中的视频"，将弹出"插入视频文件"对话框，在该对话框中选择一个视频文件即可（若选择"剪贴画视频"，将弹出"剪贴画"任务窗格，在这个窗格中将列出一些 GIF 格式的动画，选择一项单击即可）。

5. 艺术字的添加与修饰

为了美化字体，除了对文本进行格式设置外，还可以使用 ppt 所提供的特殊艺术字，具体方法如下：首先选择"插入"选项卡下的"文本"选项组中的"艺术字"，在弹出的艺术字列表中选择一种艺术字样式，输入需要的文字即可。通过"绘图工具"下的"格式"选项卡可以实现对艺术字的修饰。

4.3.3　幻灯片的移动与复制

当需要调整演示文稿中幻灯片的位置或者需要使用别人的幻灯片来制作自己的幻灯片时，就可以使用幻灯片的移动和复制来完成。

1. 移动幻灯片

自己动手

将演示文稿"我的相册-古典风.pptx"的第五张幻灯片与第六张幻灯片交换。
具体操作步骤如下。

　　第一步：打开"我的相册-古典风.pptx"演示文稿，切换到浏览视图界面，选中第五张幻灯片（或第六张），如图 4-29 所示。

　　第二步：单击"开始"选项卡下的"剪贴板"选项组中的"剪切"按钮，演示文稿中所选幻灯片消失。

　　第三步：选中目标位置，即原来的第六张幻灯片之后（或原来的第五张幻灯片之前），单击"开始"选项卡下的"剪贴板"选项组中的"粘贴"按钮即可实现交换，如图 4-30 所示。

图 4-29　交换前选中第五张幻灯片

图 4-30　交换后的效果

2．复制幻灯片

自己动手

　　将演示文稿"我的相册-古典风.pptx"的第三张幻灯片复制到演示文稿"古诗欣赏.pptx"中作为其第三张幻灯片。

具体操作步骤如下。

第一步：打开演示文稿"我的相册-古典风.pptx"和"古诗欣赏.pptx"，均切换到浏览视图界面，选中"我的相册-古典风.pptx"的第三张幻灯片。

第二步：单击"开始"选项卡下的"剪贴板"选项组中的"复制"按钮。

第三步：切换到"古诗欣赏.pptx"，选中目标位置，即最后，单击"开始"选项卡下的"剪贴板"选项组中的"粘贴"按钮即可实现复制，如图 4-31 所示。

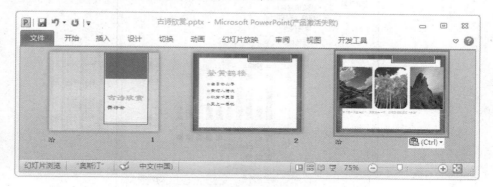

图 4-31　复制幻灯片后的效果

4.4　统一演示文稿外观

漂亮的外观是制作演示文稿所追求的。为了提高美化演示文稿制作外观的效率，PowerPoint 2010 通过"背景的设置"、"主题的使用与设置"、"幻灯片母版的使用" 3 个渠道，实现对演示文稿外观的快速设置。

4.4.1　背景的设置

默认情况下，新建的空白演示文稿的背景为白色，为了使演示文稿更加美观，可以更改幻灯片的背景。幻灯片的背景可以是"纯色"、"渐变色"、"图片或纹理"、"图案"等多种填充方式。在进行背景颜色设置时，既可将设置应用于选定的幻灯片，也可应用于所有幻灯片。

1．背景颜色的设置

背景颜色分为"纯色填充"和"渐变填充"两种。

自己动手

设置"我的相册-古典风.pptx"中除第一张外所有幻灯片的背景颜色为某种粉红色，第一张幻灯片的背景颜色为渐变"浅绿—黄—浅绿"。

具体操作步骤如下。

第一步：打开"我的相册-古典风.pptx"演示文稿，单击"设计"选项卡下的"背景"选项组中的"背景样式"，在弹出的下拉列表中选择"设置背景格式"，如图 4-32 所示。

第二步：在弹出的"设置背景格式"对话框中选择"纯色填充"单选按钮，单击"颜色"下拉列表框的下拉按钮，在弹出的下拉面板中选中需要的颜色，如图 4-33 所示；若没有则选

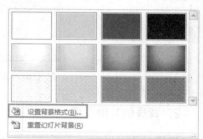

图 4-32　"背景样式"下拉列表

择"其他颜色"命令，在"颜色"对话框中进行选择（在此选一种粉红色），通过透明度滑块可以设置颜色的透明度。

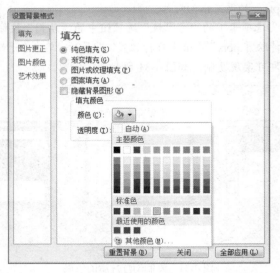

图 4-33　在"设置背景格式"对话框中设置纯色填充

第三步：单击"设置背景格式"对话框中"全部应用"按钮。

第四步：选中第一张幻灯片，用与前面同样的方法启动"设置背景格式"对话框，在"填充"下选中"渐变填充"单选按钮，把"渐变光圈"的第一个颜色设置为"浅绿"，第二个颜色设置为"黄"，第三个颜色设置为"浅绿"（如果需要可以随时添加或删除色块），如图 4-34 所示。

第五步：单击"关闭"按钮。

图 4-34　在"设置背景格式"对话框中设置渐变填充

2. 背景的其他设置

当然，还可以根据需要进行图案填充、纹理填充和图片填充，如图 4-35 所示。其操作方法与上述雷同。

4.4.2　主题的设置

PowerPoint 2010 提供了大量的内置主题样式，这些主题样式均设置了不同的字体样式、颜色等。用户可以根据需要选用不同的主题应用到所有幻灯片或选定幻灯片上；如果对内置主题的局部不满，则可以自己进行修改调整，做成自己的主题。

1. 应用内置主题

自己动手

新建一个空演示文稿，设置第一张幻灯片的版式为"标题幻灯片"，并输入主标题文字"古诗欣赏"，副标题文字为"赛诗会"；第二张幻灯片版式为"标题和内容"，并输入标题文字"登黄鹤楼"，内容输入：

白日依山尽

黄河入海流

欲穷千里目

更上一层楼

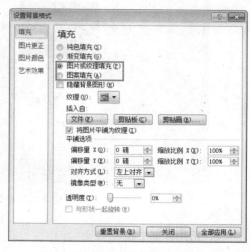

图 4-35　其他相应填充

自己根据需要设置它们的字体、字形、字号等，并将其以文件名"诗社.pptx"保存到桌面上。然后做如下设置：为所有幻灯片使用内置主题"奥斯汀"。

具体操作步骤如下（在此只做主题设置）：

第一步：选中第一张幻灯片，单击"设计"选项卡下的"主题"选项组中右侧的"其他"按钮，打开主题下拉面板，如图 4-36 所示。

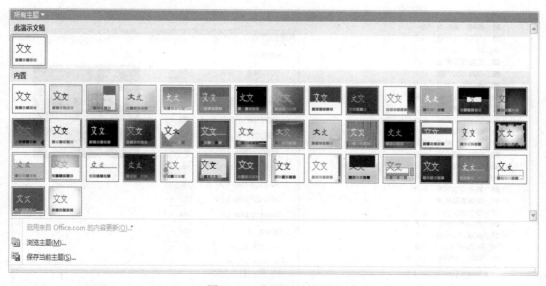

图 4-36　"主题"下拉面板

第二步：在其中选择需要的主题"奥斯汀"，最后的效果如图 4-37 所示。

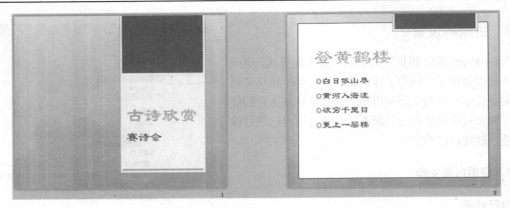

图 4-37　使用"奥斯汀"主题后的效果

2．应用外部主题

如果 PowerPoint 2010 提供有符合需要的外部主题，则用户可以选择使用。选择的方法是：单击"设计"选项卡下的"主题"选项组，在其下拉面板中选择"浏览主题"命令，从弹出的对话框中找到相应的主题即可。

3．自定义主题设置

虽然 PowerPoint 2010 提供了丰富的内置主题供用户使用，但并不是所有主题样式都能满足用户要求的，此时可以对内置主题做适当的修改和调整。

（1）自定义主题颜色

通过"主题"选项组中的"颜色"按钮，在其下拉列表中选择"新建主题颜色"，如图 4-38 所示。弹出"新建主题颜色"对话框，在其中进行相应设置后，在"名称"文本框中输入自定义颜色的名称，如图 4-39 所示，单击"确定"按钮即可。

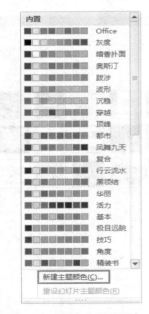

图 4-38　"颜色"下拉列表

图 4-39　设置自定义颜色并命名

（2）自定义主题字体

通过"主题"选项组中的 "字体"按钮，在其下拉列表中选择"新建主题字体"，如图 4-40 所示。弹出"新建主题字体"对话框，在其中进行相应设置后，在"名称"文本框中输入自定义字体的名称，如图 4-41 所示，单击"确定"按钮即可。

图 4-40 "字体"下拉列表

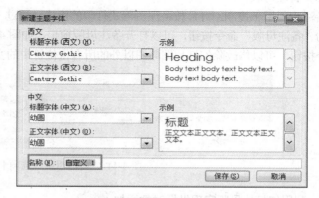

图 4-41 设置自定义字体并命名

（3）自定义主题背景

通过"主题"选项组中的"背景样式"按钮，在其下拉列表中选择"设置背景格式"，弹出"设置背景格式"对话框，可以在其中进行相应设置。

4.4.3　幻灯片母版的使用

幻灯片母版是演示文稿制作中十分重要的元素，通过幻灯片母版，可以使演示文稿中一批具有同样版式的幻灯片保持统一的风格和样式，特别是在母版上添加对象并做好修饰后，相同版式的幻灯片上均具有该修饰好的对象。因此母版的合理使用可以减少用户的重复劳动，提高工作效率。

1. 认识幻灯片母版

PowerPoint 2010 中母版共分为 3 类，分别是幻灯片母版、讲义母版和备注母版，其切换方法是通过"视图"选项卡下的"母版视图"选项组完成，如图 4-42 所示。

（1）幻灯片母版

幻灯片母版主要用于存储有关演示文稿的主题和幻灯片版式的信息，包括背景、颜色、字体、占位符大小和位置等。

每个演示文稿至少包含一个幻灯片母版。修改和使用幻灯片母版的主要优点是，可以对演示文稿中的每张幻灯片（包括以后添加到演示文稿中的幻灯片）进行统一的样式更改，即在幻灯片母版中设置好的格式或添加的对象将应用到所有基于该母版的幻灯片上。

图 4-42 "母版视图"选项组

（2）讲义母版

讲义母版用于控制幻灯片按讲义形式打印的格式。通过"视图"选项卡下的"母版视图"选项组中的"讲义母版"命令按钮，可以打开讲义母版窗口，如图 4-43 所示。通过"讲义母版"选项卡上的命令按钮，可以设置一页中打印的幻灯片的数量，也可以进行页面设置、页眉页脚格式设置等。

图 4-43　"讲义母版"选项卡

（3）备注母版

备注母版用于控制幻灯片按备注页形式打印的格式。通过"视图"选项卡下的"母版视图"选项组中的"备注母版"命令按钮，可以打开备注母版窗口，如图 4-44 所示。通过"备注母版"选项卡上的命令按钮，可以修改除幻灯片缩略图以外的所有占位符中的文本格式和段落格式。

图 4-44　"备注母版"选项卡

2. 利用幻灯片母版实现批量对象添加

（1）插入占位符

占位符是幻灯片上实现对象添加的一个重要渠道，用户如果在制作演示文稿中针对 PowerPoint 2010 所提供的某种版式的幻灯片上需要使用一种占位符，可利用母版进行操作。具体方法为：打开相应的演示文稿，选中需要添加占位符的幻灯片，单击"视图"选项卡下的"母版视图"选项组中的"幻灯片母版"，打开的幻灯片视图窗口，如图 4-45 所示，在其中的"幻灯片母版"选项卡下的"母版版式"选项组中，单击"插入占位符"命令按钮，弹出其下拉列表，如图 4-46 所示。从中选择你需要的占位符，则与该幻灯片使用相同版式的幻灯片上均会出现该占位符。

图 4-45　"幻灯片母版"选项卡

（2）插入幻灯片版式

如果用户认为 PowerPoint 2010 所提供的版式不符合要求，可以在母版中添加相应版式并对其进行设置和命名。具体方法是：打开相应的演示文稿，单击"视图"选项卡下的"母版视图"选项组中的"幻灯片母版"，在打开的幻灯片视图窗口的"幻灯片母版"选项卡下的"编辑母版"选项组中，单击"插入版式"命令按钮，然后对插入的默认版式做相应对象的添加和删除，再利用"编辑母版"选项组中的"重命名"按钮对新添加并做修改的版式重新命名，如图 4-47 所示。

图 4-46　"插入占位符"下拉列表　　　　　图 4-47　"重命名版式"对话框

3. 利用幻灯片母版进行格式设置

（1）设置字体

在幻灯片母版状态下，选中需要设置字体的幻灯片母版上的占位符，通过"幻灯片母版"选项卡下的"编辑主题"选项组中的"字体"按钮，即可实现设置与修改，如图 4-48 所示。

（2）背景样式设置

"幻灯片母版"选项卡下的"背景"选项组中"背景样式"，即可实现设置与修改，如图 4-49 所示。

图 4-48　"编辑主题"选项组　　　　　图 4-49　　"背景"选项组

4.5　动态效果设置

演示文稿制作的目的最终是要播放，为了使得播放内容有层次感，并且能吸引观众的注意力，用户需要针对幻灯片上的对象设置动态效果或对幻灯片设置切换效果。

4.5.1　对象动画设置

在 PowerPoint 2010 中，可以为幻灯片上的所有对象设置动画效果，这样在放映时既可以使内容呈现具有层次性，又能控制信息的呈现时间和速度，使得整个演示文稿播放重点突出、感染力强。

PowerPoint 2010 为幻灯片上的对象提供了 4 大类动画效果：

● 进入：用于定义对象以何种方式出现。即定义对象在幻灯片放映时进入屏幕时的动画效果。

● 强调：定义已出现在屏幕上的对象的动画效果，引发观众注意。

● 退出：定义已出现在屏幕上的对象如何消失，即对象离开屏幕时的动画效果。

● 动作路径：让对象沿着指定的路径运动。用户可以选择 PowerPoint 2010 已设定的预设路径，也可以自己绘制路径。

1. 对象进入动画设置

自己动手

设置"诗社.pptx"第一张幻灯片的"主标题"动画为"飞入，自顶部"，"副标题"动画为"阶梯状，右下"。

具体操作步骤如下。

第一步：打开"诗社.pptx"演示文稿，选中主标题文字，单击"动画"选项卡下的"动画"选项组中的"其他"按钮，在弹出的下拉列表中选择"进入"下的"飞入"，如图 4-50 所示。

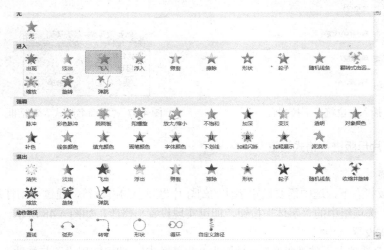

图 4-50　选择"飞入"动画效果

第二步：单击"动画"选项组中的"效果选项"命令，在弹出的下拉列表中选择"自顶部"命令，如图 4-51 所示。

第三步：选中副标题文字，单击"动画"选项卡下的"动画"选项组中的"其他"按钮，在弹出的下拉列表中选择"更多进入效果"命令，弹出"更改进入效果"对话框，如图 4-52 所示，在"基本型"下选中"阶梯状"。

图 4-51　"效果选项"下拉列表　　　　图 4-52　"更改进入效果"对话框

第四步：单击"动画"选项组中的"效果选项"命令，在弹出的下拉列表中选择"右下"命令。

2．对象强调动画设置

给对象设置强调动画效果是为了引起观众的注意，其设置方法与进入时动画效果的设置雷同，都需先选定对象，单击"动画"选项卡下的"动画"选项组中的"其他"按钮，在弹出的下拉列表中的"强调"下进行选择或选择"更多强调效果"，在弹出的"更多强调效果"对话框下进行选择。

3．对象退出动画设置

对象退出动画设置分两种情况：一种情况是该对象没设置过动画，现在对它进行退出动画设置，其设置方法与进入时动画效果的设置雷同；另一种情况是该对象已经做过其他动画设置，现在继续设置退出的动画设置。现就第二种情况展开讨论。

> **自己动手**

设置"诗社.pptx"第一张幻灯片的"副标题"在执行完并进入动画"阶梯状"后，以"盒状，缩小，圆形"的动画退出。

具体操作步骤如下。

第一步：打开"诗社.pptx"演示文稿，选中副标题文字，单击"动画"选项卡下的"高级动画"选项组中的"添加动画"按钮，弹出下拉列表，如图 4-53 所示，在其中选择"更多退出效果"，弹出"添加退出效果"对话框，如图 4-54 所示。

图 4-53　"添加动画"下拉列表　　　　图 4-54　"添加退出效果"对话框

第二步：在对话框中选中"基本型"下的"盒状"。

第三步：单击"动画"选项组中的"效果选项"命令，在弹出的下拉列表中选择"缩小"和"圆形"命令，如图 4-55 所示。

4．对象动作路径设置

（1）使用预设动作路径

PowerPoint 2010 提供了大量的预设路径动画，其特点是为对象设置一个运动路径。

若对象没设置过动画，现在对它进行动作路径动画设置，其设置方法与进入时动画效果的设置雷同；若已有动画，需添加动作路径，则单击"动画"选项卡下的"高级动画"选项组中的"添加动画"按钮，在弹出的下拉列表中选择"其他动作路径"，弹出"添加动作路径"对话框，如图 4-56 所示，从中选择需要的动作路径。

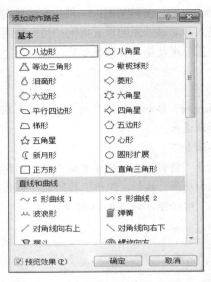

图 4-55　"效果选项"下拉列表　　　　图 4-56　"添加动作路径"对话框

（2）自定义动作路径

如果对 PowerPoint 2010 提供的预设动作路径不满意，用户可以自己自定义动作路径，具体方法是：首先选中需要自己定义动作路径的对象，单击"动画"选项卡下的"动画"选项组中的"其他"按钮，在弹出的下拉列表中选择"动作路径"下最右面的"自定义路径"命令，如图 4-57 所示。在幻灯片中按住鼠标左键拖曳进行路径绘制，绘制完成后双击鼠标即可。

图 4-57　选择"自定义路径"命令

5．使用动画窗格

想要更为详细地设置动画的效果属性，可选择"动画"选项卡下的"高级动画"选项组中的"动画窗格"命令，在弹出的对话框中进行设置。

（1）改变动画的播放次序

启动"动画窗格"对话框后，在对话框中选中需要改变次序的动画方案，利用"重新排序"两端的上、下箭头进行设置，如图 4-58 所示。

（2）改变动画效果的持续时间

在"动画窗格"对话框中，利用动画方案后的时间条实现，具体做法是：选中准备改变持续时间的动画方案，将鼠标移到其黄色的时间条上，当鼠标的形状变为左右箭头形状时，按住鼠标左键拉长黄色条或缩短黄色条，实现持续时间的改变。

更为详细的设置以及其他设置，可以通过动画方案右边的下拉三角，在弹出的下拉列表中有选择地进行设置，如图 4-59 所示。

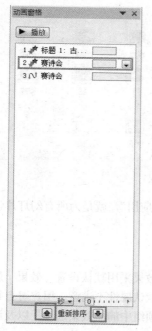

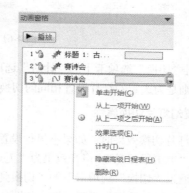

图 4-58　利用"动画窗格"调整动画播放次序　　　　图 4-59　更为详细的效果设置列表

4.5.2　幻灯片切换效果

幻灯片切换效果是指幻灯片在放映时，两张连续幻灯片之间切换时的动画效果，即一张幻灯片放映完后，下一张幻灯片以什么方式出现在屏幕中的动画效果。它属于幻灯片间的动画。

1. 设置幻灯片切换效果

为幻灯片设置切换效果分为：为选定幻灯片设置相同的切换效果，为所有幻灯片设置相同的切换效果。其设置方法大同小异。

① 在幻灯片浏览视图或普通视图下，选定要应用切换效果的幻灯片。

② 单击"切换"选项卡下的"切换到此幻灯片"选项组，在出现的幻灯片切换效果列表框中选择需要的切换效果，如图 4-60 所示。若没有需要的切换效果，则可单击"其他"按钮进行选择，如图 4-61 所示。

图 4-60　"切换"选项卡

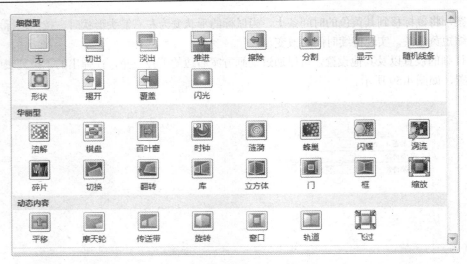

图 4-61　更多的切换效果

③ 单击"切换"选项卡下的"计时"选项组中的"全部应用"，就是为所有幻灯片设置相同的切换效果，否则是为选定幻灯片设置相同的切换效果。

2. 设置幻灯片切换属性

设置幻灯片切换效果时，如果不另行设置的话，则切换效果采用默认设置。效果一般为"垂直"，换片方式为"单击鼠标时"，声音效果为"无声音"。如果对默认属性不满意，用户可自行设置。其设置方法为：通过"切换"选项卡下的"切换到此幻灯片"选项组中的"效果选项"以及通过"切换"选项卡下的"计时"选项组进行设置，如图 4-62 所示。

图 4-62　"计时"选项组

4.5.3　幻灯片的超链接与动作设置

演示文稿在放映时，默认是按幻灯片在演示文稿中的排列顺序进行放映的。如果用户想改变幻灯片的放映顺序，由用户自己来控制幻灯片的放映，可以通过向演示文稿插入超链接或动作按钮来实现。

1. 设置超链接

超链接是实现从一张幻灯片链接到另一张幻灯片、另一个文件、网页或电子邮件等的操作。在 PowerPoint 2010 中，可以为幻灯片上几乎除"音频"外的其他对象设置超链接。一旦超链接设置成功，在幻灯片放映时，当用户将鼠标移过时，鼠标指针会变为小手形状，单击鼠标左键，屏幕就会跳转到指定目标位置。

自己动手

为"我的相册-古典风.pptx"第一张幻灯片的图片设置超链接到第三张幻灯片。

具体操作步骤如下。

第一步：打开"我的相册-古典风.pptx"演示文稿文件，选中第一张幻灯片的图片，单击"插入"选项卡下的"链接"选项组中的"超链接"命令按钮，如图 4-63 所示。

图 4-63　"链接"选项组

第二步：弹出"插入超链接"对话框，在"链接到"下选择"本文档中的位置"，在"请选择文档中的位置"下选择"幻灯片标题"下的"3"，如图 4-64 所示。

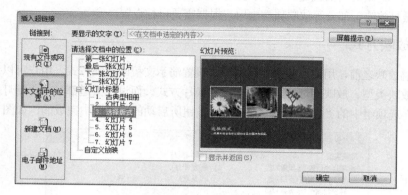

图 4-64　"插入超链接"对话框

第三步：单击"确定"按钮，即实现图片对象的超链接。

用几乎相同的方法可以设置链接到网页、电子邮件地址、新建文档。

2．动作设置

动作设置具有与超链接相似的功能，可以通过鼠标单击或将鼠标移到某对象上时链接到下一张幻灯片、上一张幻灯片、第一张幻灯片、最后一张幻灯片、指定的某张幻灯片、网页等。具体设置方法为：选择要建立动作的幻灯片，选中要设置动作的对象，单击"插入"选项卡下的"链接"选项组中的"动作"命令按钮。弹出"动作设置"对话框，如图 4-65 所示。在对话框中选中"单击鼠标"选项卡或"鼠标移过"选项卡，在"超链接到"下拉列表框中选择所需的选项，单击"确定"按钮即可。

图 4-65　"动作设置"对话框

采用同样的办法可设置动作链接到网页、其他文件等。

利用对话框中的"运行程序"及"运行宏"，还可使用动作设置运行一个程序、宏或播放音频剪辑。

4.6　放映演示文稿

演示文稿制作的最终目的就是演示，即放映。在放映时是采用从头放映或从当前幻灯片开始放映、是全部放映还是只放映一部分等放映属性由用户根据需要自行设置。

4.6.1　设置放映方式

在演示文稿放映之前，用户可根据实际情况，设置演示文稿的放映方式。用户可以设置的方式包含 4 个方面：放映类型、放映幻灯片、放映选项和换片方式。而设置渠道都是在"幻灯片放映"选项卡下的"设置"选项组中的"设置放映方式"命令按钮所启动的对话框中完成的，如图 4-66 所示。

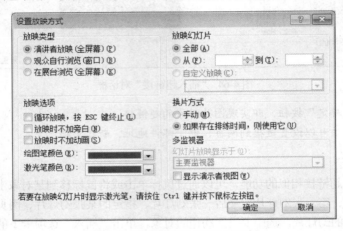

图 4-66　"设置放映方式"对话框

1. 设置放映类型

- 演讲者放映（全屏幕）：演讲者放映是系统默认的放映类型，也是使用最多的放映形式，采用全屏幕方式显示幻灯片。在这种放映方式下，演讲者可以根据观众的反应随时调整放映的速度或节奏，这种方式适合会议或教学场合，演讲者具有放映的完全控制权。
- 观众自行浏览（窗口）：观众自行浏览是在标准的 Windows 窗口中显示幻灯片，它允许观众利用窗口右下方的左、右箭头，分别切换到前一张幻灯片或后一张幻灯片。右击窗口时能弹出快捷菜单，利用菜单中的幻灯片定位、编辑、复制和打印命令，观众可以自己浏览和控制演示文稿。这种方式比较适合展会中与观众互相交换控制的场合。
- 在展台浏览（全屏幕）：这种放映方式采用的是全屏幕放映，其主要特点是不需要专人控制，整个放映过程中除了按下键盘上的"esc"键退出放映，键盘上的其他键或鼠标均无法控制放映，只能自动放映，放映结束后，又自动从第一张幻灯片开始重新放映。该放映类型主要适合在展示产品的橱柜和展会上自动播放的信息。

2. 放映幻灯片

放映幻灯片就是为放映指定放映范围。PowerPoint 2010 的指定放映范围有 3 种形式：全部、从第几张到第几张、自定义放映。

- 全部：播放所有幻灯片，它是 PowerPoint 2010 默认的放映范围。
- 从第几张到第几张：只播放指定范围的幻灯片，其他幻灯片不播放。设置办法是在图 4-65 所示的"放映方式"下选中第二个单选按钮，在"从（F）"后的文本框中输入起始幻灯片编号，在"到（T）"后的文本框中输入结束幻灯片号。
- 自定义放映：能逻辑地组织演示文稿中的某些幻灯片，并为其命名。对同一个演示文稿可以建立多个自定义放映，每个自定义放映可以选择放映演示文稿中的哪些幻灯片。设置方法是：选择"幻灯片放映"选项卡下的"开始放映幻灯片"选项组中的"自定义幻灯片放映"命令，弹出"自定义放映"对话框，如图 4-67 所示。单击"新建"按钮，弹出"定义自定义放映"对话框，选择需要的幻灯片并添加，在"幻灯片放映名称"中为其命名，如图 4-68 所示。单击"确定"按钮，则在"设置放映方式"对话框中就可以选用这种放映范围放映幻灯片了。

图 4-67 "自定义放映"对话框

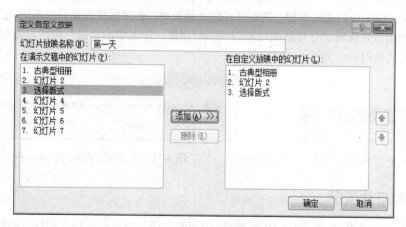

图 4-68 "定义自定义放映"对话框

3．设置放映选项

通过"放映选项"可以设置幻灯片是否循环放映、放映时是否加旁白、放映时是否加动画、绘图笔颜色等。默认"在展台浏览（全屏幕）"的放映方式会自动采用"循环放映，按 Esc 键终止"，其他放映类型则默认为指定范围的幻灯片播放完毕便结束放映，不会重新从第一张开始重新播放。

4．指定换片方式

指定换片方式用于指定幻灯片播放过程中如何切换幻灯片。

- 手动：表示采用单击鼠标或按空格键等人工方式进行幻灯片的切换。
- 如果存在排练时间，则使用它：表示按照预先设定好的时间自动换片。要预先设置幻灯片的自动换片时间，可以通过排练计时或直接在"切换"选项卡中的"计时"选项组中设置自动换片时间。

4.6.2　排练计时

如果希望演示文稿的放映时间相对固定，可以采用排练计时进行演练，并最后设定。

PowerPoint 2010 的"排练计时"功能可以排练每张幻灯片的放映时间、控制幻灯片上对象的播放进度等。具体操作方法如下。

① 打开需要设置排练计时的演示文稿，单击"幻灯片放映"选项卡下的"设置"选项组中的"排练计时"命令，如图 4-69 所示。

图 4-69　"幻灯片放映"选项卡

② 此时 PowerPoint 进入全屏放映方式，屏幕左上角显示一个"录制"工具，借助它可以准确记录演示当前幻灯片所使用的时间（工具栏左侧显示的时间），以及从开始放映到目前为止总共使用的时间（工具栏右侧显示的时间），如图 4-69 所示。

③ 切换幻灯片，此时下一张幻灯片开始放映，幻灯片的放映时间会重新计时，总的放映时间开始累加。在放映过程中可以随时暂停。当幻灯片停止播放时，会弹出是否保存排练时间的提示对话框。退出放映时会弹出是否保留幻灯片放映时间的提示对话框，如果单击"是"按钮，则新的排练时间将自动变为幻灯片切换时间。如图 4-71 所示。

图 4-70　"录制"工具

图 4-71　是否保留排练时间提示框

4.6.3　录制幻灯片演示

录制幻灯片演示是 PowerPoint 2010 新增的一项功能，该功能可记录每张幻灯片的放映时间，并且允许用户使用麦克风为幻灯片添加录音旁白或使用激光笔为幻灯片添加注释，从而使演示文稿能够脱离演讲者进行自动演示并配有解说。具体操作方法如下。

① 打开需要录制的演示文稿，单击"幻灯片放映"选项卡下的"设置"选项组中的"录制幻灯片演示"命令，弹出下拉列表，如图 4-72 所示。

② 根据需要选择"从头开始录制"或"从当前幻灯片开始录制"，弹出"录制幻灯片演示"对话框，勾选需要的选项，单击"开始录制"按钮，如图 4-73 所示。

③ 此时 PowerPoint 进入全屏放映方式，屏幕左上角显示一个"录制"工具，进入录制状态。在录制的过程中，用户可以在需要添加解说或旁白的地方使用麦克风录音。

（4）录制结束后，PowerPoint会自动保存放映计时及幻灯片上添加的旁白。为幻灯片添加的旁白将被嵌入到幻灯片中，在幻灯片浏览视图或普通视图下，可以看到幻灯片的右下角有一个音频图标。

图 4-72　"设置"选项组

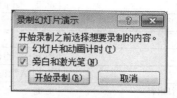

图 4-73　"录制幻灯片演示"对话框

4.6.4　幻灯片放映

设置好放映方式后，就可以开始放映幻灯片了。通过放映幻灯片可以将精心创建的演示文稿展示给观众。

1．开始放映

开始放映主要通过"幻灯片放映"选项卡下的"开始放映幻灯片"选项组中的命令实现，如图 4-74 所示。该选项组中共提供了 4 种开始放映的方式。

● 从头开始：从第 1 张幻灯片开始放映，也可按"F5"键。

● 从当前幻灯片开始：从当前选中的幻灯片开始放映，也可按"Shift+F5"组合键。

● 广播幻灯片：它是 PowerPoint 2010 新增的功能。将演示文稿发布为一个网址，网址可以发送给需要观看幻灯片的用户。用户获得网址后，即使没有安装 PowerPoint 2010，也可借助 IE 浏览器观看幻灯片。

● 自定义放映：选择该项后，可以在其下拉列表中选择已经定义好的自定义放映。

2．放映时隐藏幻灯片

随着观众的不同，有时候有些幻灯片是不需要甚至是不能播放的，此时用户可以通过隐藏幻灯片的方法，让这些幻灯片不播放出来。具体操作方法如下。

① 在幻灯片的普通视图或浏览视图下，选中需要隐藏的幻灯片。

② 单击"幻灯片放映"选项卡下的"设置"选项组中的"隐藏幻灯片"命令，如图 4-75 所示，则选中的幻灯片就被隐藏了。

图 4-74　"开始放映"选项组

图 4-75　"隐藏幻灯片"设置

3．放映控制

一旦进入放映界面，用户就要开始进行放映控制了。目前主要采用鼠标进行控制，除了鼠标外，使用键盘也可以进行控制，而且更为方便。各种放映控制键见表 4-1。

表 4-1　放映控制键

功　能	按　键
下一张幻灯片	单击鼠标左键，空格键，回车键，N 键，PgDn 键，↓键，→键
上一张幻灯片	P 键，PgUp 键，↑键，←键
黑屏	B 键
白屏	W 键
使用画笔	"Ctrl+P" 组合键
隐藏画笔	"Ctrl+A" 组合键
擦除画笔所涂抹内容	E 键
结束放映	Esc 键

4.7　演示文稿的打印

若需要将幻灯片打印在纸张上，则可以使用演示文稿的打印。

1．设置幻灯片的大小及打印方向

在打印前可以设置幻灯片的大小和打印方向，具体操作如下。

① 单击"设计"选项卡下的"页面设置"选项组中的"页面设置"命令。

② 弹出"页面设置"对话框，在"幻灯片大小"下拉列表中选择一种纸型，在"方向"中选择一种方向，根据需要调整一下幻灯片的宽度和高度，如图 4-76 所示。

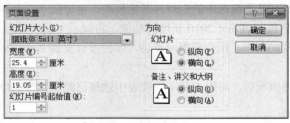

图 4-76　"页面设置"对话框

③ 设置完成后，单击"确定"按钮。

2．页眉与页脚的添加

在幻灯片上也可以添加页脚，而在备注和讲义上可以添加页眉和页脚。用户可以通过"页眉页脚"对话框实现对页眉页脚的设置。具体实现方法是：首先单击"插入"选项卡下的"文本"选项组中的"页眉页脚"命令，弹出"页眉页脚"对话框。若是针对幻灯片，则勾选"页脚"复选框，并在其文本框中输入页脚内容，如图 4-77 所示；若是针对备注和讲义，则分别勾选"页眉"和"页脚"复选框，并在其后的文本框中输入相应内容，如图 4-78 所示。

3．打印设置

在打印前，常常要进行诸如打印范围、打印份数等的设置。具体操作如下。

① 单击文件选项卡，在弹出的后台视图中选择"打印"命令，打开打印预览面板。在"设置"组中设置打印范围（如"打印当前幻灯片"）。

② 在"设置"组中将色彩模式做相应设置（如"灰度"），最后在"打印"组中设置打印的份数（如 3），设置完成后单击"打印"按钮，即可开始打印，如图 4-79 所示。

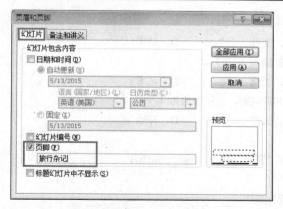

图 4-77　设置幻灯片的页脚

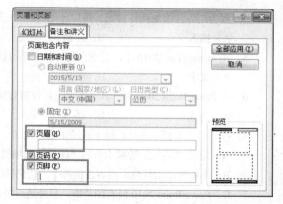

图 4-78　设置备注和讲义的页眉与页脚

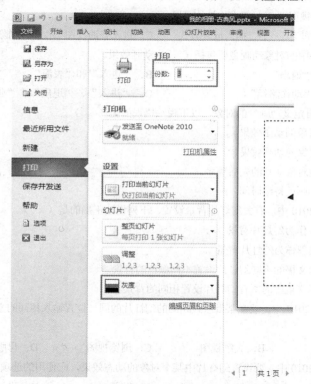

图 4-79　打印设置

习　题

1. PowerPoint 2010 文件的扩展名是（　　）。

    A. docx　　　　　　　B. xlsx　　　　　　　C. pptx　　　　　　　D. txt

2. 演示文稿的基本组成单元是（　　）。

    A. 文本框　　　　　　B. 图片　　　　　　　C. 幻灯片　　　　　　D. 超链接

3. PowerPoint 2010 中，预添加一个文本框，应该使用（　　）选项卡。

    A. 视图　　　　　　　B. 插入　　　　　　　C. 设计　　　　　　　D. 开始

4. 要为幻灯片添加动作按钮，可以使用（　　）选项卡。

　　A. 插入　　　　　　　B. 开始　　　　　　　C. 文件　　　　　　　D. 动画

5. 在 PowerPoint 2010 中，在空白幻灯片中不可以直接插入（　　）。

　　A. 文字　　　　　　　B. 图片　　　　　　　C. 表格　　　　　　　D. 艺术字

6. 在 PowerPoint 2010 中，其文本也可以设置行间距和段间距，使用渠道为（　　）。

　　A. 格式　　　　　　　B. 插入　　　　　　　C. 文件　　　　　　　D. 开始

7. 在幻灯片上插入图片，以下说法正确的是（　　）。

　　A. 通过"插入"选项卡下的"图像"选项组中的"图片"命令，插入一张图片。

　　B. 不能使用幻灯片上内容占位符中的按钮插入图片

　　C. PowerPoint 2010 没有图片库，只能通过外部插入图片

　　D. 只能通过 PowerPoint 2010 的剪贴画插入图片

8. 在"幻灯片浏览视图"下，双击幻灯片可以（　　）。

　　A. 弹出快捷菜单　　　B. 插入放映方式　　　C. 进入普通视图　　　D. 删除该幻灯片

9. PowerPoint 2010 中的对象动画主要包括（　　）动画效果。

　　A. "进入"和"退出"　　　　　　　　　　　B. "进入"和"表演"

　　C. "强调"和"动作路径"　　　　　　　　　D. "进入"、"退出"、"强调"和"动作路径"

10. 对于已添加"自定义动画"的对象，以下说法错误的是（　　）。

　　A. 可以删除对象的动画效果

　　B. 可以更改对象的动画效果

　　C. 不可以调整对象动画的先后顺序

　　D. 可以设置动画的持续时间

11. 在 PowerPoint 2010 中，有关幻灯片背景设置，下列说法正确的是（　　）。

　　A. 不能用图片作为幻灯片背景

　　B. 不能使用纹理作为幻灯片背景

　　C. 不能为演示文稿的不同幻灯片设置不同颜色的背景

　　D. 可以为演示文稿中的所有幻灯片设置相同的背景

12. 在 PowerPoint 2010 中，要在某批版式相同的幻灯片的同一位置输入相同的文字内容，最快捷的办法是在（　　）中设置。

　　A. 普通视图　　　　　B. 大纲视图　　　　　C. 浏览视图　　　　　D. 母版

13. 在 PowerPoint 2010 中，要设置幻灯片中某个对象的动态效果，应使用的选项是（　　）。

　　A. 开始　　　　　　　B. 切换　　　　　　　C. 动画　　　　　　　D. 设计

14. 在 PowerPoint 2010 中，（　　）视图模式下，可以对幻灯片中对象进行编辑。

　　A. 普通视图　　　　　B. 备注页视图　　　　C. 阅读视图　　　　　D. 幻灯片浏览视图

15. 在 PowerPoint 2010 中，可以使用（　　），将设置好的动画效果复制到其他对象上。

　　A. 格式刷　　　　　　B. 动画刷　　　　　　C. 复制　　　　　　　D. 粘贴

16. 下列效果中，不属于幻灯片切换效果的是（　　）。

　　A. 细微型　　　　　　B. 华丽型　　　　　　C. 动态内容　　　　　D. 动作路径

17. 若想更改幻灯片的背景，应通过（　　）选项卡中的"背景样式"命令，在弹出的"背景样式"下拉列表框中进行选择。

　　A. 文件　　　　　　　B. 开始　　　　　　　C. 设计　　　　　　　D. 视图

18. 幻灯片的移动、复制、删除操作一般在（　　）中完成。

A. 普通视图   B. 幻灯片浏览视图   C. 阅读视图   D. 备注页视图
19. 如果希望放映演示文稿时不要人工控制，则应该事先（   ）。
    A. 设置放映方式   B. 设置自动放映   C. 设置排练计时   D. 设置动画效果
20. 给幻灯片设置背景，可以使用（   ）种背景类型。
    A. 1   B. 2   C. 3   D. 4

实　验

制作一份个人简历的演示文稿，样例如图 4-80 所示。

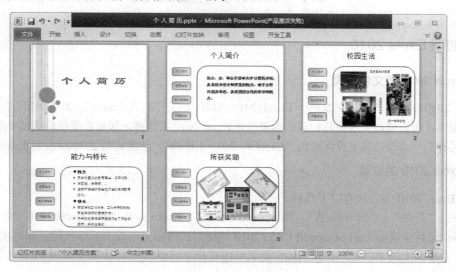

图 4-80　个人简历样例

具体要求如下：
（1）该演示文稿共 5 张幻灯片。
（2）使用"凸显"主题。
（3）添加个人简历母版，要求有一个标题占位符位于幻灯片最上端，字体为隶书、48 磅、加粗、深蓝色；中心区域有一个圆角矩形，边线为 1 磅、颜色自动；左侧有 4 个圆角矩形，大小自定，带阴影，内部填充白、蓝渐变色；其中文字分别为个人简介、校园生活、能力与特长、所获奖励。
（4）使用个人简历母版制作后 4 张幻灯片。
（5）各张幻灯片的布局如图 4-80 所示。
（6）第 3 张幻灯片上的每张图片旁需加文字注解。
（7）4 个圆角矩形分别设置超链接，链接到对应的幻灯片上。
（8）"能力"与"特长"分别加不同的项目符号（"能力"，"特长"加一样的项目符号；具体能力和具体特长加一样的项目符号）。
（9）根据自己的喜好，制作每张幻灯片上的对象动画，使得播放时有层次感，并设置幻灯片的切换效果。
（10）将该演示文稿以自己的姓名保存到桌面上。

第 5 章　电子表格软件 Excel 2010

美国微软公司开发的 Windows 环境下的 Office 办公套装软件中除了 Word 外，还有一个专门用于表格处理的应用软件 Excel，它为人们的日常及家庭管理工作带来了极大的便利。

5.1　Excel 的基础知识

5.1.1　初识 Excel 2010

1．Excel 2010 的文件格式

Excel 2010 默认文件扩展名是基于 Excel 2010 XML 的文件格式 ".xlsx"。如果用户使用的是 2007 及以前的版本，可以通过安装更新和转换器来打开 Excel 2010 工作簿。如果希望存成低版本的文件，可以利用 "另存为" 命令，将文件保存为 "Excel 97-2003 工作簿"，该模式与 2010 以前的版本兼容。

2．Excel 2010 的启动

启动 Excel 2010 的方法有以下几种。

① 单击 "开始" | "所有程序" | "Microsoft Office" | "Microsoft Office Excel 2010" 命令。

② 移动鼠标至桌面上的 Microsoft Excel 2010 快捷方式图标上，双击鼠标左键，即可实现启动。

③ 右击桌面上的空白处，在弹出的快捷菜单中选择 "新建" | "Microsoft Office Excel 工作表"，可启动 Excel 2010。

3．Excel 的窗口

Excel 的工作窗口主要由以下几部分组成。

（1）标题栏

标题栏位于窗口的顶部，用来显示当前工作簿的文件名，其右边有 "最小化"、"最大化/还原" 和 "关闭" 3 个按钮，其左边通常是 "自定义快速访问工具栏"。

（2）选项卡

选项卡一般位于标题栏下方，常用的选项卡主要有 "文件"、"开始"、"插入"、"页面布局"、"公式"、"数据"、"审阅"、"视图" 等，选项卡下还包含若干选项组，有时根据操作对象的不同，还会智能化地增加相应的选项卡。

（3）功能区

在 Excel 2010 中，用于替代菜单和工具栏的是功能区。功能区包含多个围绕特定方案或对象进行组织的选项卡，如图 5-1 所示。

图 5-1　功能区

（4）工作表区

显示当前活动工作表的工作区域、行、列号等。

（5）工作表标签

启动 Excel 2010 工作簿时，默认显示 3 个工作表，Sheet1、Sheet2、Sheet3 为工作表标签。当工作表数量较多时，点击左侧的控制箭头，可以显示出其他位于工作区域后方的工作表。但此操作不会改变当前编辑的工作表标签，如图 5-2 所示。

图 5-2　工作表标签

（6）状态栏

位于窗口最下方，用于显示程序窗口和工作簿窗口的工作状态。

4．Excel 2010 的退出

Excel 2010 的退出操作如下。

① 单击 Excel 窗口左上角的"文件"选项卡 文件 ，在弹出的下拉面板中选择 "退出" 退出 命令。

② 单击窗口右上角的"关闭"按钮 。

③ 右击窗口标题栏，在弹出的快捷菜单中选择"关闭"命令。

④ 按快捷键"Alt+F4"。

5.1.2　Excel 的基本概念

1．Excel 的三要素

Excel 有三要素：工作簿、工作表和单元格。

（1）工作簿（Book）

工作簿是 Excel 管理数据的文件单位，一个独立的 Excel 文件就称为一个工作簿。在 Excel 2010 中，其扩展名为 .xlsx 。每一个工作簿由一个或多个工作表组成。工作簿的默认名称为：工作簿+数字。启动 Excel 时会自动新建一个空工作簿，其初始名称为工作簿 1，可以通过单击"文件"选项卡中的"保存"命令为工作簿重新起名。

（2）工作表（Sheet）

工作表是工作簿的组成成分。在默认的情况下，一个工作簿由 3 个工作表组成，用户可根据需要自行添加或删除。工作表的最大个数受到内存容量的限制。工作表由单元格组成，Excel 2010 支持每个工作表中最多有 1 048 576 行和 16 384 列。

（3）单元格（Cell）

每个工作表都由大量单元格组成，单元格是工作表中最基本的数据存储单元。由于每个单元格形状完全一样，为了区别各单元格，通常采用行号和列号共同标识的方法，其正确的表示方式是列号在前，行号在后，如 A1，B5 等。当然，用户也可以自己给单元格命名来标识。

单元格的行号用阿拉伯数字表示，依次是 1，2，3，…，1 048 576；而列号为 A，B，…，Z，AA，AB，…，XFD，共 16 384 列。

单元格中可以存放文字、数字和公式等信息，每个单元格最多可以保存 32 767 个字符。

在单元格中输入数据时，用"Tab"键向其右方移动光标，用"Enter"键向其下方移动光标。

2．编辑栏

编辑栏由"名称框"、"命令按钮"和"编辑输入框"3 部分组成，当选中某一单元格时，该单元格的名称和所包含的内容将会显示在编辑栏中，如图 5-3 所示。

名称框和单元格是一一对应的，单击某一单元格，名称框中会立即显示该单元格的标识名；反之，在名称框中输入单元格标识名，如 A300，则光标就会直接定位到该单元格上。

▼：如果有多个单元格被重新命名，利用该按钮可以直接定位到自定义的单元格中。

⌧：用于取消该单元格中输入的内容，与键盘上的"Esc"键功能相同。

✓：用于确认单元格中输入的内容，可以用"Enter"键或"Tab"键执行其功能。

fx：用于在单元格中引用函数。

3．行列号按钮

工作区域左方为行号，通过单击行号可以实现选定一整行或多行单元格。工作区域上方为列号，通过单击列号可以实现选定一整列或多列单元格，如图5-4所示。

图5-3　编辑栏　　　　　　　　　　　　　　　　　图5-4　行列号按钮

通过双击行、列号之间的分隔线，可以调整行高或列宽。

4．填充柄

图5-5 填充柄

　　　　　选中某一个单元格时，在黑色选取框的右下角有一个黑色小方块点，称为填充柄。若鼠标移动到该点上，鼠标指针将会变成细黑十字形状，此时可以完成有规律的数据自动填充，比如填充数字序列、日期序列等，如图5-5所示。填充柄在 Excel 的数据运算中起着重要的作用。

5．全选按钮

全选按钮在工作区域的左上角，行号和列号的交汇处，用于选中整个工作表的全部内容。若想取消全选功能，单击任意单元格即可。

6．网格线

通常工作表会显示出浅灰色的表格线，以便于用户定位。如果用户不需显示网格线，只要单击"页面布局"选项卡，在"工作表选项"选项组中去掉"网格线"命令下方的"查看"复选框的"√"即可，如图5-6所示。

图5-6　"页面布局"选项卡下的"工作表选项"组的网格线设置

7．鼠标指针的各种形状及含义

当鼠标出现在窗口的不同位置时会出现不同形状，每一种形状都代表当前可执行的一种操作，由此可以根据形状的变化得知当前可进行的操作是什么，如表5-1所示。

表 5-1 鼠标指针的含义

指 针 形 状	类 型	功 能 说 明
↖	常规指针	用于执行菜单和工具栏中的命令
✛	空心白十字指针	选择单元格区域
✚	实心细黑十字指针	出现在单元格右下角的填充柄上，用于实现序列填充
I	I 型指针	用于实现输入数据
↨ ↔	分割指针	出现在行列号之间的分隔线上，用于行高或列宽的调整
↔ ↖ ↕	双向指针	用于调整图片或图表对象的大小
↳	移动指针	出现在单元格区域的边线上，用于移动该区域

5.2 工作簿与工作表的基本操作

5.2.1 工作簿的基本操作

1. 创建工作簿

（1）创建空白工作簿

启动 Excel 2010，系统会自动创建一个空工作簿。在启动 Excel 2010 成功后，如何自己手动创建一个空工作簿呢？

自己动手

在 Excel 2010 环境下创建一个空工作簿。

具体操作步骤如下。

第一步：选择"文件"选项卡中的"新建"命令，在"可用模板"中选"空白工作簿"。

第二步：单击右侧的"创建"按钮，如图 5-7 所示。

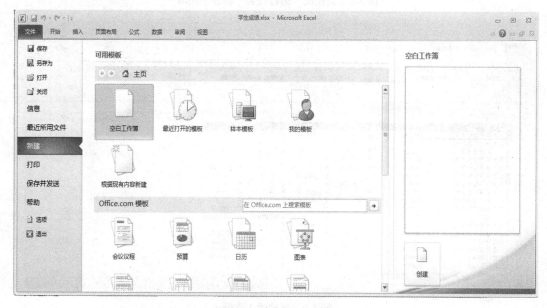

图 5-7 创建空白工作簿

（2）用模板创建工作簿

Excel 2010 带有许多预先定义好的模板供用户使用，这些模板体现了一些常用的表格需求，如个人月预算、销售报表等。

自己动手

用"销售报表"模板创建一个工作簿。

具体操作步骤如下。

第一步：选择"文件"选项卡中的"新建"命令，在"可用模板"中选"样本模板"。

第二步：在弹出的窗体中选择"销售报表"，单击右侧的"创建"按钮，如图 5-8 所示。

第三步：在新建的表格中输入自己所需的内容，即可完成创建相应工作簿的任务，如图 5-9 所示。

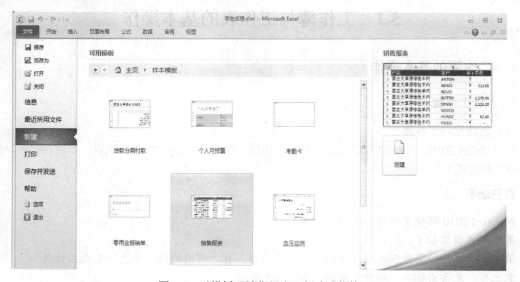

图 5-8　以模板"销售报表"创建工作簿

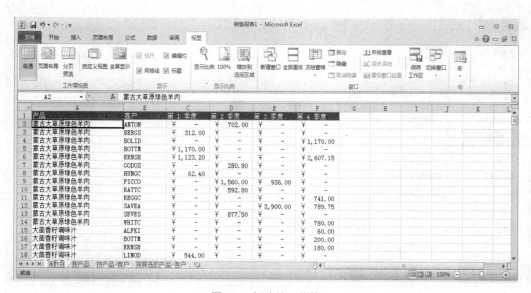

图 5-9　新建的工作簿

2．保存工作簿

保存是表格编辑过程中经常做的一项工作，及时的保存可以避免因一些突发事情而导致内容的丢失。Excel 2010 的工作簿默认为"．xlsx"格式，如果要将 Excel 2010 工作簿保存为其他格式的文档，可在"另存为"对话框中的"保存类型"列表框中进行选择。

（1）手动保存

自己动手

将新建的销售报表以"公司销售报表.xlsx"保存到桌面上。

具体操作步骤如下。

第一步：单击"文件"选项卡，在打开的后台视图中选择"保存"命令或按快捷键"Ctrl+S"，如图 5-10 所示。

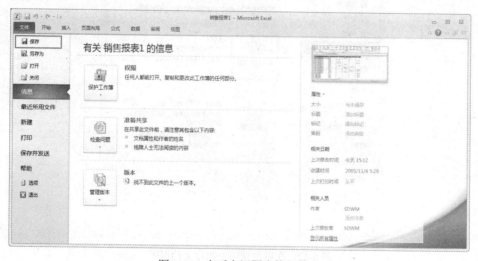

图 5-10　在后台视图中执行保存

第二步：第一次保存会弹出"另存为"对话框，选择工作簿的保存位置，在"文件名"中输入工作簿的名称，如图 5-11 所示。

图 5-11　决定保存位置和名称等信息的"另存为"对话框

第三步：单击"保存"按钮，即可完成新工作簿"公司销售报表.xlsx"的保存工作。

（2）加密保存

自己动手

给"公司销售报表.xlsx"添加打开密码111。

具体操作步骤如下。

第一步：打开"公司销售报表.xlsx"工作簿，单击"文件"选项卡，在打开的后台视图中选择"信息"下的"保护工作簿"命令，如图5-12所示。

图5-12　在后台视图中执行文档保护

第二步：选择"保护工作簿"下的"用密码进行加密"命令，弹出"加密文档"对话框，输入密码"111"，单击"确定"按钮。

第三步：弹出"确认密码"对话框，再次输入密码"111"，单击"确定"按钮。

第四步：选择 "文件"下的"保存"即可。

5.2.2　工作表的基本操作

1．插入工作表

当工作簿中的工作表不够时，用户可以及时地插入新工作表。

（1）在工作表的末尾插入新工作表

自己动手

在"公司销售报表.xlsx"末尾插入一个新的工作表。

具体操作步骤如下。

第一步：打开"公司销售报表.xlsx"工作簿。

第二步：单击工作表标签右侧的"插入工作表"按钮，在所有原来的工作表后面就会插入一个新的工作表。

（2）在某一工作表之前插入新工作表

自己动手

在"公司销售报表.xlsx"第一张工作表之前插入新工作表。

具体操作步骤如下。

第一步：选择要在其前插入新工作表的标签，在此为 Sheet1。

第二步：单击"开始"选项卡下的"单元格"选项组中的"插入"按钮右下角的三角按钮，在弹出的下拉列表中选择"插入工作表"命令，在选定的工作表前面就会插入一个新的工作表。

2. 删除工作表

为了节省空间，应该将无用的工作表及时删除。

自己动手

删除"公司销售报表.xlsx"中最末的工作表。

具体操作步骤如下。

第一步：打开"公司销售报表.xlsx"工作簿。

第二步：选择要删除的最末工作表，单击"开始"选项卡下的"单元格"选项组中的"删除"按钮右下角的三角按钮，在弹出的下拉列表中选择"删除工作表"命令，则选定的工作表就被删除了。

3. 改变工作表的名称

为了便于区别，每个工作表都有自己的名称，默认情况下以 Sheet 加数字命名，如 Sheet1、Sheet2、Sheet3、…。为了更快地操作和管理工作表，用户可以用更为直观的名称给工作表重命名。

自己动手

将"公司销售报表.xlsx"中"源数据"工作表重命名为"原始数据"。

具体操作步骤如下。

第一步：打开"公司销售报表.xlsx"工作簿。

第二步：用鼠标双击要重命名的工作表的标签（或右击该标签，在弹出的快捷菜单中选择"重命名"），此时该标签以高亮显示，进入可编辑状态。

第三步：输入新的标签名：原始数据，按"Enter"键即可完成对该工作表的重命名操作。

4. 设置工作表标签颜色

要设置工作表标签颜色，可以通过右击该标签，在弹出的快捷菜单中选择"工作表标签颜色"进行设置；也可通过"开始"选项卡下的"单元格"选项组中的"格式"按钮，在弹出的下拉列表中选择"工作表标签颜色"命令进行设置。

5. 移动或复制工作表

工作表可以在同一个工作簿中或不同工作簿间进行移动或复制。若在不同工作簿间做移动或复制工作表操作，则参与操作的工作簿必须是打开的。

（1）移动工作表

自己动手

将"公司销售报表.xlsx"中的"原始数据"工作表移到最后。

具体操作步骤如下。

第一步：打开"公司销售报表.xlsx"工作簿。

第二步：用鼠标右击要移动的工作表的标签，弹出快捷菜单，选择"移动或复制"命令，弹出"移动或复制工作表"对话框。

第三步：在对话框的"下列选定工作表之前"的列表框中选择"移至最后"选项，如图 5-13 所示。

第四步：单击"确定"按钮。

（2）复制工作表

自己动手

将"公司销售报表.xlsx"中的"原始数据"工作表复制到新工作簿的最后。

具体操作步骤如下。

第一步：打开"公司销售报表.xlsx"工作簿。

第二步：用鼠标右击要复制的工作表的标签，弹出快捷菜单，选择"移动或复制"命令，弹出"移动或复制工作表"对话框。

第三步：在对话框的"工作簿"下拉列表框中选择目标工作簿（在此选"新工作簿"）。

第四步：在"下列选定工作表之前"的列表框中选择位置（在此不用选），并勾选"建立副本"复选框，如图 5-14 所示。

第五步：单击"确定"按钮。

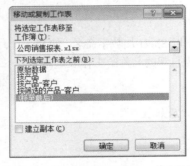 

图 5-13　利用"移动和复制工作表"对话框实现移动　　图 5-14　利用"移动和复制工作表"对话框实现复制

6. 显示或隐藏工作表

在 Excel 2010 中，可以对工作表进行隐藏，在需要的时候再将其显示。

（1）隐藏工作表

选择需要隐藏的工作表标签，单击鼠标右键，在弹出的快捷菜单中选择"隐藏"命令，所选工作表即可隐藏。

（2）显示工作表

若工作簿有隐藏工作表，则右击该工作簿的任一工作表的标签，在弹出的快捷菜单中选择"取消隐藏"命令，弹出"取消隐藏"对话框，在其中选中需要显示的工作表，单击"确定"按钮即可。

5.2.3　工作表窗口的操作

1. 窗口的拆分和冻结

（1）窗口的拆分

当工作表太宽、太长而影响操作时，可以利用 Excel 的窗口拆分功能，将窗口拆分成两个甚至四个窗口进行操作。具体拆分方法是：单击"视图"选项卡下的"窗口"选项组中的"拆分"命令，此时在屏幕上就出现了"水平"和"垂直"两条交叉的拆分线,将鼠标指针移到"水平"或"垂直"拆分线上,按住鼠标左键拖曳到需要位置。若不需要某一拆分线,则当鼠标移到该拆分线上时,双击鼠标即可。若不需要拆分线了,可以再次单击"视图"选项卡下"窗口"选项组中的"拆分"命令。

（2）窗口的冻结

在拆分窗格的基础上,执行"视图"选项卡中的"冻结窗格"命令,可以将拆分线上方的半个窗格或左边半个窗格冻结起来。如此一来,在向下或向右滚屏的过程中,上方的半个窗格或左边半个窗格的内容将不会随着鼠标滚动而移动。

2．窗口的缩放

通过"视图"选项卡下的"显示比例"选项组,如图 5-15 所示,可以对工作表窗口进行缩放操作。

图 5-15　"显示比例"选项组

"显示比例"选项组中各命令的功能含义如下。

① 显示比例：单击该按钮,弹出"显示比例"对话框,用户可在其中选定或设置一个比例值。

② 100%：设置成正常大小的显示比例。

③ 缩放到选定区域：选择某一区域,单击此按钮,窗口中会放大显示选定区域。

5.3　工作表的编辑与修饰

5.3.1　编辑准备

1. 操作区域的选取

输入任何数据,都应该先选中相应的单元格,其选取方法如下。

（1）选一个单元格

单击所需单元格可选中单元格,或在名称框中输入该单元格的名称。

（2）选行或列

● 单击行号或列号可选中一行或一列；

● 按住"Shift"键可选择连续的行、列；

● 按住"Ctrl"键可选择不连续的行、列；

（3）选择连续区域

● 利用"Shift"键：首先选中起始单元格,然后按住"Shift"键单击最末单元格即可；

● 利用名称框：在名称框先输入起始单元格名称,接着输入英文冒号（:）,再输入最末单元格名称,按"Enter"键即可。例如,在名称框中输入：A1:H10,按"Enter"键即选中 A1 到 H10 的单元格区域。

（4）选择不连续区域

● 利用"Ctrl"键：首先选中起始单元格,然后按住"Ctrl"键,同时依次单击单元格及区域即可；

● 利用名称框：在名称框先输入起始单元格名称,接着输入英文逗号（,）,再依次输入单元格名称及英文逗号,直至最后一个单元格,最后一个单元格名称后不要输逗号,按"Enter"键即可。例如,在名称框中输入：A1,B2,C3,E6,按"Enter"键即选中 A1、B2、C3、E6 四个单元格。

（5）全选

单击行、列交汇处的全选按钮可选中整个工作表。

2. 单元格及行列的插入、删除

（1）单元格的插入

选中需要插入的单元格，单击"开始"选项卡，在"单元格"选项组中单击"插入"命令旁边的下拉三角按钮，在弹出的下拉面板中选择"插入单元格"，如图 5-16 所示，弹出"插入"对话框，选择需要的方式即可实现单元格的插入，如图 5-17 所示。

图 5-16 "插入"下拉面板

图 5-17 "插入"对话框

（2）行、列的插入

● 单元格插入法：在"插入"命令对话框中选"整行"或"整列"。
● 行号或列号法：将鼠标移至需要的行号（或列号）上，鼠标指针变为"→"（或"↓"）后单击鼠标右键，在弹出的快捷菜单中选"插入"命令即可在选中行（或列）前插入一行（或一列）。

（3）单元格的删除

选中需要删除的单元格，单击"开始"选项卡，在"单元格"选项组中单击"删除"命令旁边的下拉三角按钮，在弹出的下拉面板中选择"删除单元格"，如图 5-18 所示，弹出"删除"对话框，选择需要的方式即可实现单元格的删除，如图 5-19 所示。

图 5-18 "删除"下拉面板

图 5-19 "删除"对话框

（4）行、列的删除

● 单元格删除法：在"删除"命令对话框中选"整行"或"整列"。
● 行号或列号法：将鼠标移至需要的行号（或列号）上，鼠标指针变为"→"（或"↓"）后单击鼠标右键，在弹出的快捷菜单中选"删除"命令即可删除指定行（或列）。

5.3.2 数据输入

1. 数值型数据的输入

在 Excel 中数值型数据是使用最多、表现形式最为丰富的数据类型。数值型数据由 0~9 中的数字、正/负号、货币符号、百分号等组成。默认的对齐方式为右对齐，如图 5-20 所示。

特殊情况：

① 输入负数时，可以直接输入"–34"或"（34）"，两种形式最后都显示为"–34"，如图 5-21 所示。

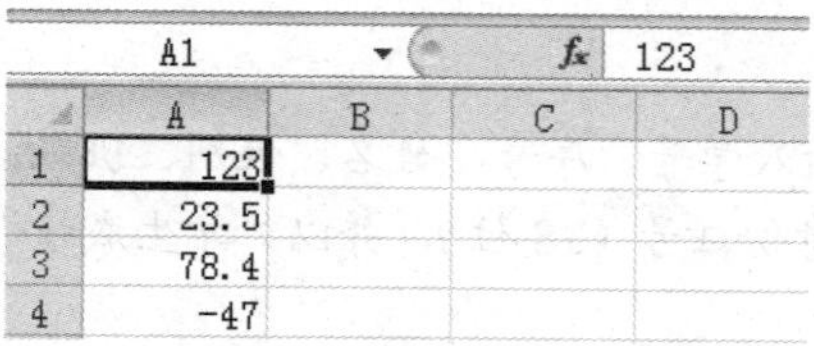

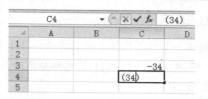

图 5-20　数值型数据右对齐　　　　　　　图 5-21　负数的输入和显示

② 输入分数形式的数据前，要先在单元格内输入"0"和一个空格，再输入分数，否则会被 Excel 程序当作日期处理。例如，输入分数 1/3 时，要输入"0 1/3"，单元格中才会显示出正确的分数形式，而与之对应的编辑输入框中显示的是小数形式，如图 5-22 所示。

如果输入百分比数据，可以直接在数值后输入百分号"%"。例如，要输入 80%，应先输入 80，再输入%即可。

2．日期及时间型数据的输入

对于日期及时间型数据，Excel 定义了严格的输入格式。

（1）日期型数据的输入

规定用"/"或"-"来分隔日期的年、月、日。例如，输入 15/6/20 后按"Enter"键，Excel 2010 将其转换成默认的日期格式 12/6/20。也可省略年，直接输月和日，省略的年号即为当前年，如图 5-23 所示。

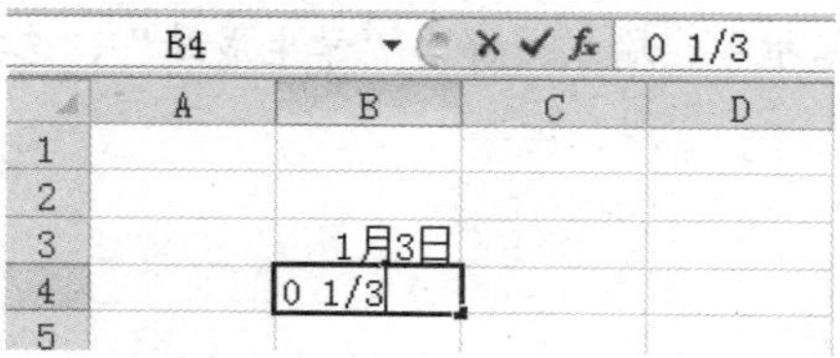

图 5-22　分数的输入　　　　　　　　　图 5-23　输入日期格式的数据

（2）输入时间型数据

规定用"："来分隔时间的时、分、秒。Excel 一般把插入的时间默认为上午的时间，若输入下午的时间，应在时间后输一空格，然后输入"PM"，如输入"8:35:38 PM"。还可以采用 24 小时制表示时间，如输入"16:15:24"，如图 5-24 所示。

3．文本型数据的输入

单元格中的文本型数据包括字母、汉字、数字符、特殊符号等，每个单元格最多可以容纳 32767 个字符，默认的对齐方式为左对齐，如图 5-25 所示。

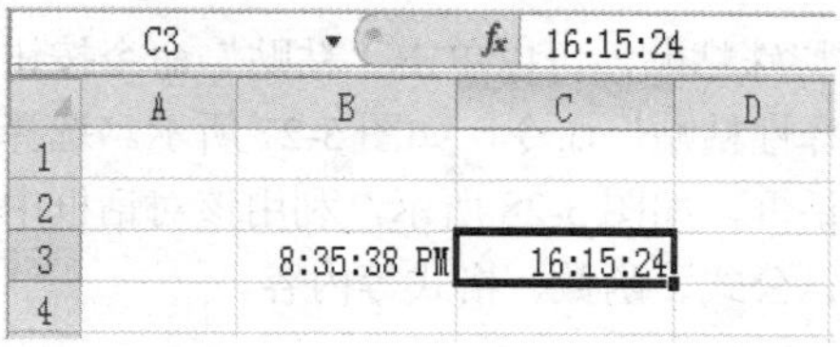

图 5-24　输入时间格式数据 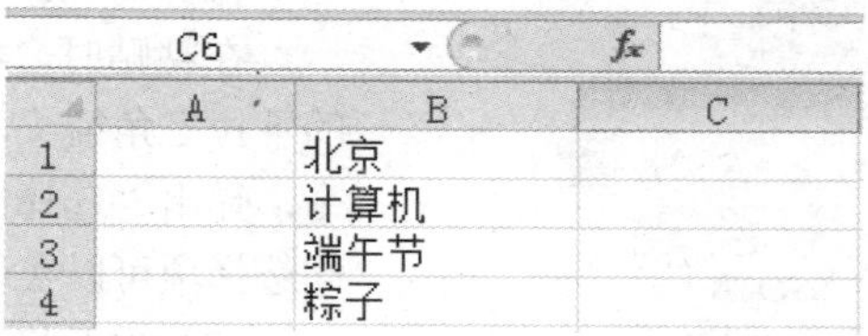　　　　　　　图 5-25　文本型数据左对齐

特殊情况：

输入由数字组成的文本数据时，如邮政编码、学号、身份证号等数据时，需要在前面加一个英文半角单引号"'"，Excel 就会将其当作文本处理了。

自己动手

新建一个空工作簿，然后在 A1～H1 单元格中分别输入学号、序号、姓名、性别、班级、语文、数学、英语，在 A2～A11 单元格分别输入 10 位同学的身份证号（18 位），并以"学生成绩"名称保存在桌面上。

具体操作步骤如下。

第一步：打开 Excel 2010，新建一个空白工作簿。

第二步：在 A1～G1 单元格中分别输入学号、姓名、性别、班级、语文、数学、英语。

第三步：选中 A2 单元格，先输英文单引号"'"，然后输入 18 位的身份证号，以此类推，效果如图 5-26 所示。

⁴	A	B	C	D	E	F	G	H
1	学号	序号	姓名	性别	班级	语文	数学	英语
2	111111111111111111							
3	222222222222222222							
4	333333333333333333							
5	444444444444444444							
6	555555555555555555							
7	666666666666666666							
8	777777777777777777							
9	888888888888888888							
10	999999999999999999							
11	000000000000000000							

图 5-26　输入文本型数据

第四步：单击保存 🔲 按钮，在弹出的"另存为"对话框中，输入文件名"学生成绩"，选择保存位置为"桌面"，单击"保存"按钮进行保存。

5.3.3　数据的编辑

1. 数据的复制、移动和清除

单元格中的数据可以通过复制、移动操作，将其复制或移动到其他单元格中，包括同一个工作表、不同工作表甚至其他工作簿文件的工作表中。

（1）数据的复制（或移动）

● 鼠标操作法：选中已经输入数据的单元格或连续区域，按住"Ctrl"键（或不按"Ctrl"键）用鼠标左键拖动该区域的黑色边框，即可实现复制（或移动）原数据的功能。

● 按钮操作法：选择需要复制或移动数据的单元格区域，单击"开始"选项卡中"剪贴板"选项组中的"复制"（或"剪切"）命令，选中目标区域的起始单元格，单击"粘贴"命令即可实现操作。

图 5-27　"粘贴"下拉面板

特殊情况：

在粘贴时，如果需要做特殊粘贴，可以单击"粘贴"命令按钮下方的下拉三角箭头，选择"选择性粘贴"命令，如图 5-27 所示。选择此命令，弹出"选择性粘贴"对话框，如图 5-28 所示，利用该对话框中的不同选择项可以实现粘贴数据、公式、函数、格式等内容。

（2）单元格数据的清除

"清除"命令完成删除单元格的内容、格式、批注等。在做数据清除时，首先选择需要做清除处理的单元格及区域，单击"开始"选项卡的"编辑"选项组中的"清除"命令，弹出下拉面板，按照需要进行清除，如图 5-29 所示。

图 5-28 "选择性粘贴"对话框

图 5-29 "清除"下拉面板

2. 数据填充

（1）填充相同数据

选中任意连续或不连续区域，输入数据，然后按"Ctrl+Enter"组合键，即可实现批量填充效果。

自己动手

采用填充相同数据的办法，为"学生成绩"工作簿的"Sheet1"表中的性别填充值。

具体操作步骤如下。

第一步：打开"学生成绩"工作簿。

第二步：按住"Ctrl"键不放，选中 C2、C5、C7、C8、C11，输入"男"，按"Ctrl+Enter"组合键。

第三步：按住"Ctrl"键不放，选中 C3、C4、C6、C9、C10，输入"女"，按"Ctrl+Enter"组合键。最后效果如图 5-30 所示。

	A	B	C	D	E	F	G	H
1	学号	序号	姓名	性别	班级	语文	数学	英语
2	11111111111111111111			男				
3	22222222222222222222			女				
4	33333333333333333333			女				
5	44444444444444444444			男				
6	55555555555555555555			女				
7	66666666666666666666			男				
8	77777777777777777777			男				
9	88888888888888888888			女				
10	99999999999999999999			女				
11	00000000000000000000			男				

图 5-30 填充相同数据

（2）序列填充

在输入有规律的数据串时，为了提高工作效率，常常利用"填充柄"实现有序数据的快速填充。

① 利用填充柄。

在当前活动单元格中输入数据后，将鼠标移到单元格右下角填充柄上，此时鼠标由空心十字"⇧"变成细黑的实心十字"＋"，按住鼠标左键向下或向右拖动，即可实现按列或按行填充。如果当位于左侧的一列单元格已经有了完整数据时，可以直接双击第一个单元格的填充柄，则此时序列能够自动向下填充

自己动手

利用填充柄，为"学生成绩"工作簿的"Sheet1"表中的序号填充 001~010。

具体操作步骤如下。

第一步：选中 B2 单元格，输入"'001"。

第二步：将鼠标移到该单元格的填充柄上，按住鼠标左键往下拖动到 B11 单元格，实现序号填充，如图 5-31 所示。

图 5-31　利用填充柄实现序号的填充

特殊情况：

● 填充等差数列：在相邻的两个单元格中，输入已经确定公差的两个数据，选中这两个单元格，将光标移到后一个单元格的填充柄上，按住鼠标左键向右拖动，即可得到对应的等差数列。例如，在 A1、B1 中分别输入 2、4，则系统自动认为要输入公差为 2 的等差数列，向右拖动填充柄，可得到一个等差数列，如图 5-32 所示。

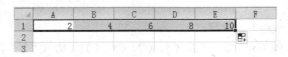

图 5-32　填充等差数列

● 填充等比数列：在相邻的两个单元格中，输入已经确定公比的两个整数（不能输 0），选中这两个单元格，将光标移到后一个单元格的填充柄上，按住鼠标右键向右拖动，在弹出的快捷菜单中选择"等比序列"，如图 5-33 所示。

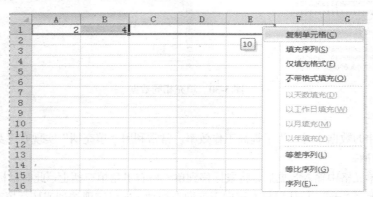

图 5-33　填充等比数列

② 利用选项卡填充。

在起始单元格中输入数据后，选定其相邻的一部分单元格，执行"开始"选项卡下的"编辑"选项组中的"填充"命令，弹出 5-34 所示的下拉面板，在其中选择"序列"命令，弹出"序列"对话框，用户可以按照需要进行选择填充，如图 5-35 所示。

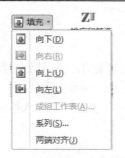

图 5-34　"填充"下拉面板　　　　　　　图 5-35　"序列"对话框

（3）自定义序列

在日常生活中有一些常用的数据，如时间、日期、月份、季节、天干地支等。在 Excel 中，这些数据已经被定义为序列，可以使用填充柄进行自动填充使用。

在使用时，首先需要在单元格中输入该序列的某一项值，然后利用填充柄进行填充即可，如图 5-36 所示。

如果用户不再需要自定义的序列，在"对话框"中单击"删除"命令即可。

如果用户常常要用到某一序列，而系统中没有，则用户可以在【文件】选项卡中单击"选项"命令，在弹出的对话框中选择"高级"，然后单击"常规"下的"编辑自定义列表"命令按钮，如图 5-37 所示，在弹出的"自定义序列"对话框中自行添加该序列。

图 5-36　系统自带序列的自动填充

如果用户不再需要自定义的序列，在"自定义序列"对话框中点击"删除"命令即可。

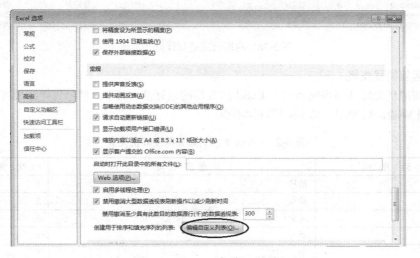

图 5-37　"Excel 选项"对话框

5.3.4　公式与函数

Excel 利用公式和函数可实现其强大的计算功能，为用户处理表中数据提供了极大的方便。通过公式和函数的运用，用户可以解决日常生活中的很多实际问题，如成绩计算、工作业绩分析、数据统计等。

1. 公式及应用

（1）公式的构成

公式是由等号和表达式组成的。表达式是由运算符将运算量连接起来的式子。特别值得一提的是，由于数据是存放在单元格里的，所以表达式中的运算量包含单元格地址、函数和常量。

编辑公式时，首先要在编辑栏的编辑输入框内输入一个等号" = "，然后才能输入相应的表达式。

自己动手

计算"学生成绩"工作簿的"Sheet1"表中所有同学的总分和平均分。

具体操作步骤如下。

第一步：分别在 I 和 J 单元格中输入"总分"和"平均分"。

第二步：输入姓名、班级、语文、数学、英语。

第三步：选中 I2 单元格，输入：=F1+G1+H1，然后按"Enter"键。

第四步：将鼠标移到 I2 单元格的填充柄上，双击即可完成所有同学的总分计算。

第五步：选中 J2 单元格，输入：=I1/3，然后按"Enter"键。

第六步：将鼠标移到 J2 单元格的填充柄上，双击即可完成所有同学的平均分计算，如图 5-38 所示。

	J2		fx	=I2/3					
	A	B	C	D	E	F	G	H	I	J
1	学号	序号	姓名	性别	班级	语文	数学	英语	总分	平均分
2	1111111111111111111	01	张三	男	1	70	92	80	242	80.66667
3	2222222222222222222	02	李四	女	1	87	90	60	237	79
4	3333333333333333333	03	王五	女	3	82	80	78	240	80
5	4444444444444444444	04	闪烁	男	2	83	67	72	222	74
6	5555555555555555555	05	凯乐石	女	2	65	45	51	161	53.66667
7	6666666666666666666	06	预科	男	3	53	56	50	159	53
8	7777777777777777777	07	忆江南	男	3	90	78	70	238	79.33333
9	8888888888888888888	08	法国版	女	1	82	79	68	229	76.33333
10	9999999999999999999	09	史酷比	女	2	89	95	73	257	85.66667
11	0000000000000000000	10	阿洛卡	男	3	88	81	80	249	83

图 5-38　利用公式进行计算并填充

（2）各运算符优先级

表 5-2 按照优先级从高到低列出了 Excel 所支持的运算符，其中，括号优先级最高，比较运算优先级最低。先乘除，后加减，基本运算规律不变。

表 5-2　Excel 支持的运算符及其优先级

运 算 符	运 算 功 能	优 先 级
( )	括号	1
-	负号	2
%	求余	3
^	乘方	4
*、/	乘、除法	5
+、-	加，减法	6
&	文本连接	7
=、<、>、<=、>=、<>	等于，小于，大于，小于等于，大于等于，不等于	8

（3）单元格地址的引用

由于数据是存放在单元格中的，所以可以直接将单元格地址引用到公式中，而不需要手动输入某个单元格中的数据。单元格地址的引用分为相对地址、绝对地址和混合地址的引用。

相对地址引用：当把一个含有单元格地址的公式复制到一个新位置时，随着活动单元格位置的改变，公式中的单元格地址也随之发生改变，即为相对地址引用。

例如，在计算总分时：按住单元格 I2 的填充柄往下移动，随着鼠标的下移，公式中的单元格地址也随之改变，从而批量计算出所有同学的总分，如图 5-38 所示。

绝对地址引用：当把一个公式复制到新位置时，随着活动单元格位置的改变，公式中的单元格地址不会发生改变，即该单元格仿佛被"锁定"。具体操作方法是在行、列号前均加上"$"符号。

在总分计算中，如果总分的计算公式改为"I2=$F$2+$G$2+$H$2"，在鼠标向下移动的过程中，公式不会发生改变，计算结果均为第一个同学的总分。

混合地址引用：某些情况下，需要引用混合地址，使得锁定的一方不变，而没有锁定的一方随之改变。比如，计算总分时，其实产生影响的是行号，列号并没改变，此时只要行号不锁定就行，即可以在 I2 中输入公式：=$F2+$G2+$H2。

（4）公式的错误信息

如果公式的参数个数、类型或参数值超出了规定范围，Excel 程序无法完成求解过程，会自动给出提示信息，这时用户需检查自己在输入公式时是否发生了错误。

用户可对照如表 5-3 所示的错误信息检查究竟是什么地方发生了错误，以便改进。

表 5-3　公式错误信息简表

错　误　值	原　　因
#####	数值宽度超出单元格宽度，调整列宽即可
#VALUE!	数据错输成文本 输入公式时，按了"Enter"键 把公式当作常量输入 将一整个数据区域赋给了单一参数
#DIV/0!	除数为 0
#NAME?	引用文本时没有使用双引号或名称有误
#N/A	缺少参数
#REF!	删除了公式所引用的单元格区域
#NUM！	公式所产生的数字太大，或引用的参数非数字
#NULL！	在公式的两个区域中加入了空格

2．函数及其应用

Excel 2010 提供了丰富的函数，在"公式"选项卡中，用户可以使用"函数库"提供的各种函数，包括查找与引用函数、财务函数、时间与日期函数、数学与三角函数、统计函数、文本函数等。用户还可以利用该选项卡对数据进行审核和计算，如图 5-39 所示。

图 5-39　"公式"选项卡

（1）常用函数的应用

在"公式"选项卡下的"函数库"选项组中的"最近使用的函数"就是"插入函数"对话框中的"常用函数"，它包括用户最近使用频率最高的 10 个函数。默认情况下包括求和函数 SUM、求平均值函数 AVERAGE、计数函数 COUNT、最大值函数 MAX、条件函数 IF 等，如表 5-4 所示。可以在"自动求和"按钮 Σ▾ 上，单击下拉箭头，可以看到上述的几个常用函数，以及其他函数的命令。

表 5-4　常用函数简介

函　数	意　义	举　例
SUM	计算指定单元区域中的单元格的和值	SUM(F2:H2)
IF	根据条件的真假返回不同的结果	IF(J2>=60,"及格","不及格") （若 J2 中的数值大于等于 60，就在目标单元格中显示"及格"，否则显示"不及格"。注意：标点符号一律西文方式）
AVERAGE	计算指定单元区域中的单元格的算术平均值	AVERAGE(F2:H2) （注意：可以给单元格设置数字格式，比如小数点后保留 1 位）
MAX	计算指定单元区域中单元格的最大值	MAX(C2:F7) （即得到该区域的最大值）
COUNT	计算指定单元区域内的数字单元格个数	COUNT(G2:G11) （统计 G 列数值型数据单元格的个数）

自己动手

利用求和函数 SUM 和求平均函数 AVERAGE 重新计算"学生成绩"工作簿的"Sheet1"表中所有同学的总分和平均分。

具体操作步骤如下。

第一步：清除 I2 到 J11 单元格区域的数据。

第二步：选中 I2 单元格，单击"最近使用的函数"，选择"SUM"，然后用鼠标选择 F2 到 G2 的单元格，按"Enter"键。

第三步：将鼠标移到 I2 单元格的填充柄上，双击即可完成所有同学的总分计算。

第四步：选中 J2 单元格，单击"最近使用的函数"，选择"AVERAGE"，然后用鼠标选 F2 到 G2 的单元格，按"Enter"键。

第五步：将鼠标移到 J2 单元格的填充柄上，双击即可完成所有同学的平均分计算，如图 5-38 所示。

（2）其他函数的应用

若需要使用其他函数，可以在"函数库"中根据类别找到需要的函数，也可以单击"最近使用的函数"右边的下拉三角箭头，弹出如图 5-40 所示的下拉面板，在其中选"插入函数"（或直接单击编辑栏的"*fx*"按钮），弹出"插入函数"对话框，在其中选择需要的函数，如图 5-41 所示。

图 5-40　"最近使用的函数"下拉面板

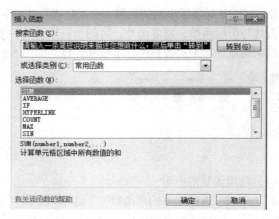

图 5-41　"插入函数"对话框

认识其他的一些函数。

● 条件求和函数 sumif（rang，criteria，sum_rang）：对指定单元格区域中符合条件的值求和。

　　其中：

　　rang：用于条件判断的单元格区域。

　　criteria：求和条件。

　　sum_rang：要求和的单元格区域。

● 条件求和平均函数 averageif（rang，criteria，average_rang）：对指定单元格区域中符合条件的
　　值求平均。

● 条件计数函数 countif（rang，criteria）：统计指定范围内满足条件的单元格个数。

自己动手

首先在"学生成绩"工作簿的 Sheet2 中输入如下数据，如图 5-42 所示。

利用条件求和函数 sumif、条件求平均函数 averageif、条件计数函数 countif 计算"学生成绩"工作簿的"Sheet2"表中所有男、女同学的人数、语文的总分和数学的平均分。

具体操作步骤如下。

第一步：求人数

① 选中 Sheet2 的 B2 单元格，单击编辑栏中的"fx"按钮，弹出"插入函数"对话框，在"或选择类别"下拉列表框中选中"统计"，如图 5-43 所示。

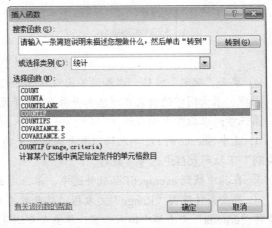

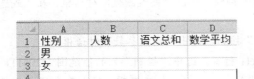

图 5-42　输入数据的表格　　　　　　　　　图 5-43　"统计函数"的选择

② 在其中找到 countif 函数并选中，单击"确定"按钮，弹出"函数参数"对话框。

③ 单击范围"Range"文本框，接着单击 Sheet1 标签，选中"性别"列的值范围 D2:D11，在条件"criteria"文本框中输入：男，如图 5-44 所示。

④ 单击"确定"按钮，统计结果出现在 Sheet2 的 B2 单元格中。

同理，求女同学的人数并放在 B3 单元格中。

第二步：求语文成绩总和

① 选中 Sheet2 的 C2 单元格，单击编辑栏中的"fx"按钮，弹出"插入函数"对话框，在"或选择类别"下拉列表框中选中"数学与三角函数"。

② 在其中找到 sumif 函数并选中，单击"确定"按钮，弹出"函数参数"对话框。

③ 单击条件范围"Range"文本框，接着单击 Sheet1 标签，选中"性别"列的值范围 D2:D11，

在条件"criteria"文本框中输入：男，单击求和范围"Sum_range"文本框，接着单击 Sheet1 标签，选中"语文"列的值范围 F2:F11，如图 5-45 所示。

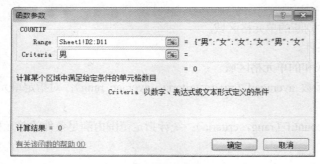

图 5-44　"countif 函数参数"对话框

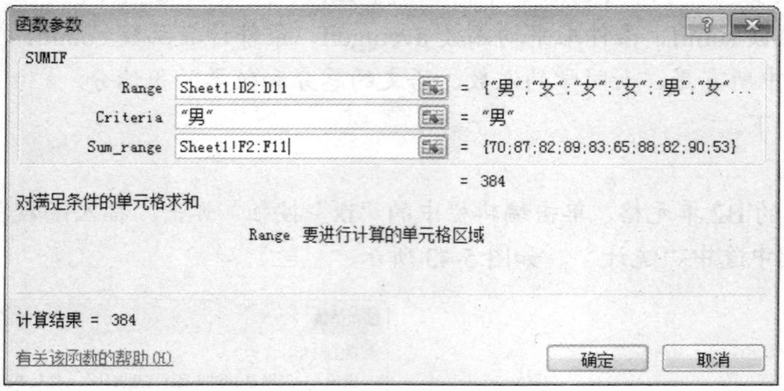

图 5-45　"sumif 函数参数"对话框

④ 单击"确定"按钮，求和结果出现在 Sheet2 的 C2 单元格中。

同理，求女同学的语文成绩总和并放在 C3 单元格中。

第三步：求数学平均成绩

① 选中 Sheet2 的 D2 单元格，单击编辑栏中的"fx"按钮，弹出"插入函数"对话框，在"或选择类别"下拉列表框中选中"统计"。

② 在其中找到 averagetif 函数并选中，单击"确定"按钮，弹出"函数参数"对话框。

③ 单击条件范围"Range"文本框，接着单击 Sheet1 标签，选中"性别"列的值范围 D2:D11，在条件"criteria"文本框中输入：男，单击求平均范围"Average_range"文本框，接着单击 Sheet1 标签，选中"数学"列的值范围 G2:G11，如图 5-46 所示。

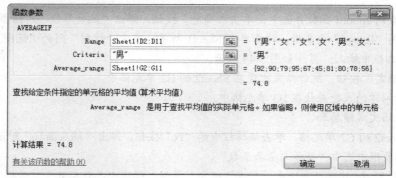

图 5-46　"averageif 函数参数"对话框

④ 单击"确定"按钮，统计结果出现在 Sheet2 的 B2 单元格中。

同理，求女同学的数学平均成绩并放在 D3 单元格中。

最终结果如图 5-47 所示。

	A	B	C	D
1	性别	人数	语文总和	数学平均
2	男	5	384	74.8
3	女	5	405	77.8
4				

图 5-47　计算结果

5.3.5　整理与修饰表格

在 Excel 2010 中，可以通过对所编辑的电子表格进行字体、字形、字号、颜色、边框线、数据格式、插入图形和艺术字等设置，实现对表格的美化。

1．设置表格中的字符格式

利用"开始"选项卡中的"字体"选项组，可以设置表格中的字符格式，如字体、字形、字号、对齐方式、颜色、边框线等，如图 5-48 所示。

图 5-48　"字体"选项组

Excel 2010 的字体、字形、字号、颜色的设置与 Word 2010 雷同。

自己动手

设置"学生成绩"工作簿的"Sheet1"表的所有列名：华文中宋、20 磅、加粗、红色；其余数据：隶书、16 磅、蓝色。

具体操作步骤如下。

第一步：选中列名所在的 A1 到 J1 的单元格区域。

第二步：单击"字体"选项组的字体设置下拉三角，选择"华文中宋"，在字号设置下拉列表中选择 20，在字形设置区单击加粗按钮 **B**，在文字颜色下拉面板中选择红色。

第三步：选中 A2 到 J11 的单元格区域。

第四步：单击"字体"选项组的字体设置下拉三角，选择"隶书"，在字号设置下拉列表中选择 16，在文字颜色下拉面板中选择蓝色，最后效果如图 5-49 所示。

	A	B	C	D	E	F	G	H	I	J
1	学号	序号	姓名	性别	班级	语文	数学	英语	总分	平均分
2	1111111111111111	01	张三 同学	男	1	70	92	80	242	80.67
3	2222222222222222	02	李四 同学	女	1	87	90	60	237	79
4	3333333333333333	03	王五 同学	女	3	82	80	78	240	80
5	4444444444444444	04	闪烁同学	男	2	83	67	72	222	74
6	5555555555555555	05	凯乐石同学	女	2	65	45	51	161	53.67
7	6666666666666666	06	预科同学	男	3	53	56	50	159	53
8	7777777777777777	07	忆江南同学	男	3	90	78	70	238	79.33
9	8888888888888888	08	法国版同学	女	1	82	79	68	229	76.33
10	9999999999999999	09	史诺比同学	女	2	89	95	73	257	85.67
11	0000000000000000	10	阿洛卡同学	男	3	88	81	80	249	83

图 5-49　设置字体格式的表格

特殊情况：

① "边框"命令中可以设置单元格及区域的多种线形，如图 5-50 所示。

② "填充颜色"  指的是填充单元格底纹的颜色。

2. 设置数据的对齐方式

当电子表格中数据较长或内容较多时，可以设置单元格的对齐方式，使其更美观、简洁。

利用"开始"选项卡中的"对齐方式"选项组，可以设置单元格的对齐方式，如图 5-51 所示。

图 5-50　"边框"下拉面板　　　　　　　　图 5-51　"对齐方式"选项组

① 水平对齐组 ：包括左对齐 、居中 、右对齐 。

② 垂直对齐组 ：包括顶端对齐 、垂直居中 、底端对齐 等。

③ 自动换行 ：通过多行显示，使单元格中所有内容可见。

④ 方向 ：旋转字体。

⑤ "合并后居中 "：将多个单元格合并为一个单元格，同时又使单元格内容水平居中显示。

自己动手

设置"学生成绩"工作簿的"Sheet1"表所有单元格的对齐方式为：垂直居中，水平靠左。

具体操作步骤如下。

第一步：选中 Sheet1 表中的 A1:J11。

第二步：单击"开始"选项卡下的"对齐方式"选项组中的左对齐 按钮和垂直居中按钮 。

3. 设置数字的格式

利用"开始"选项卡中的"数字"选项组，可以设置单元格中数字的格式，如图 5-52 所示。

用户可以通过单击"常规"命令下拉三角箭头，在弹出的下拉列表中快速设置 Excel 支持的默认的各种数据格式，如图 5-53 所示。

① 常规：表示不含任何特定格式。

② 数字：表示用户可以设置默认的保留小数位数。

③ "货币"或"会计专用"：用于设置货币符号。

④ "短日期"、"长日期"及"时间"：设置时间的显示格式。

⑤ 文本：可以将数字设定为文本，如以 0 开头的数字，或学号、邮编等不需用科学计数法表示的数据。

⑥ "百分比"、"分数"和"科学计数"：用于设定非整数形式的数据。

⑦ 其他数字格式：进入"设置单元格格式"。

图 5-52　"数字"选项组　　　　　　　图 5-53　"常规"格式下拉列表框

特殊情况：

在 Excel 2010 中，还可以利用系统提供的"自定义"功能，由用户自行加入其他的数据格式。例如，要为单元格数据加入"先生"、"女士"等后缀词时，只需在"类型"文本框中输入"@×××"这样的格式即可，当单元格被限定后，Excel 会自动将词语添加到单元格中。

自己动手

设置"学生成绩"工作簿的"Sheet1"表所有同学的姓名后加上"同学"这个后缀词。

具体操作步骤如下。

第一步：选中 Sheet1 表中的所有同学的姓名单元格区域 C2:C11。

第二步：单击"开始"选项卡下的"数字"选项组中对话起动器按钮，弹出"设置单元格格式"对话框，在"数字"选项卡的"分类"列表框中选中"自定义"，在右边的"类型"下拉列表框中选中"@"，在对应的文本框的"@"后输入：同学，如图 5-54 所示。

图 5-54　自定义数据格式设置

第三步：单击"确定"按钮，表中所有同学的姓名后均加上了"同学"，如图 5-55 所示。

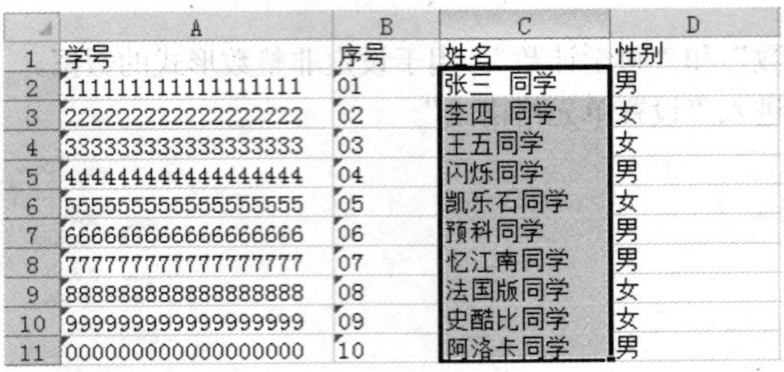

	A	B	C	D
1	学号	序号	姓名	性别
2	1111111111111111111	01	张三　同学	男
3	2222222222222222222	02	李四　同学	女
4	3333333333333333333	03	王五同学	女
5	4444444444444444444	04	闪烁同学	男
6	5555555555555555555	05	凯乐石同学	女
7	6666666666666666666	06	预科同学	男
8	7777777777777777777	07	忆江南同学	男
9	8888888888888888888	08	法国版同学	女
10	9999999999999999999	09	史酷比同学	女
11	0000000000000000000	10	阿洛卡同学	男

图 5-55　设置效果

4．认识"设置单元格格式"对话框

"设置单元格格式"对话框包含了"数字"、"对齐"、"字体"、"边框"、"填充"、"保护"等选项卡。如果用前文所介绍的办法不能完成设置时，可以通过打开该对话框实现较为完备的设置。

5．调整行高列宽

通过对行高、列宽的调整，可以使表格更加整洁、美观。

（1）调整行高

Excel 默认工作表中任意一行的所有单元格的高度是相等的，因此当调整某一个单元格的高度时，实际上就是调整该单元格所在行的行高，并且单元格的高度会随着单元格字体的改变而自动变化。其调整方法如下。

① 鼠标拖曳法。

如果对单元格的高度要求不是十分精确，可以使用该法。具体操作为：将鼠标指针置于需改变行高的行号的下框线，此时鼠标指针变为十形状，按住鼠标左键拖曳鼠标上下移动，直到调整到合适的高度。若只是将行高调整为最合适的高度，当鼠标指针变为十形状时，双击鼠标左键即可。

② 命令操作法。

使用"开始"选项卡下的"单元格"选项组中的"格式"下拉列表中的"行高"命令，可以精确地调整行高。

自己动手

设置"学生成绩"工作簿的"Sheet1"表的列名所在行的行高为 35，其余行的行高为 25。

具体操作步骤如下。

第一步：选中 Sheet1 表的第一行。

第二步：单击"开始"选项卡下的"单元格"选项组中的"格式"按钮，弹出其下拉列表，如图 5-56 所示。

第三步：在其中选择"行高"，弹出"行高"对话框，在其文本框中输入所需高度值 35，如图 5-57 所示。

第四步：选中 Sheet1 表的其余行。

第五步：单击"开始"选项卡下的"单元格"选项组中的"格式"按钮，弹出其下拉列表，在其中选择"行高"，弹出"行高"对话框，在其文本框中输入所需高度值 25。

若要设置最合适的行高，请在图 5-56 所示的下拉列表中选择"自动调整行高"。

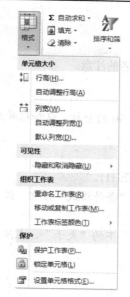

图 5-56　"格式"下拉列表　　　　　图 5-57　"行高"对话框

（2）调整列宽

Excel 工作表的列与行有所不同，默认单元格的宽度是固定的，并不会根据数据长度的变化而自动调整。当单元格因宽度不够而显示不下时，文本型数据的显示视右侧相邻单元格而定：若右侧单元格为空，则利用其空间显示，否则只显示当前宽度能容纳的文本；数值型数据则显示一串"#"号。调整单元格的列宽是用户常常要做的一项操作，具体操作方法如下。

① 鼠标拖曳法

如果对单元格的宽度要求不是十分精确，可以使用该法。具体操作是：将鼠标指针置于需改变列宽的列号的右框线，此时鼠标指针变为"+"形状，按住鼠标左键拖曳鼠标左右移动，直到调整到合适的宽度。若只是将列宽调整为最合适的宽度，当鼠标指针变为+形状时，双击鼠标左键即可。

② 命令操作法

使用"开始"选项卡下的"单元格"选项组中的"格式"下拉列表中的"列宽"命令，可以精确地调整列宽。

自己动手

设置"学生成绩"工作簿的"Sheet1"表中学号所在列的宽度为 28，其余列为最合适的列宽。具体操作步骤如下。

第一步：选中 Sheet1 表的第一列。

第二步：单击"开始"选项卡下的"单元格"选项组中的"格式"按钮，弹出其下拉列表，如图 5-56 所示。

第三步：在其中选择"列宽"，弹出"列宽"对话框，在其文本框中输入所需宽度值 28，如图 5-58 所示。

第四步：选中 Sheet1 表的其余列。

第五步：单击"开始"选项卡下的"单元格"选项组中的"格式"按钮，弹出其下拉列表，在其中选择"自动调整列宽"。

图 5-58　"列宽"对话框

6. 设置条件格式

（1）使用条件格式

利用条件格式可以突出显示某些重要数据，以引起观看者的注意。

自己动手

将"学生成绩"工作簿的"Sheet1"表中单科成绩高于 90 的分数，以加粗并加单下画线的形式呈现。

具体操作步骤如下。

第一步：选中 Sheet1 表中的所有单科分数单元格区域 F2:H11。

第二步：单击"开始"选项卡下的"样式"选项组中的"条件格式"按钮，弹出其下拉面板，如图 5-59 所示。

第三步：单击"条件格式"下的"突出显示单元格规则"下的"大于"，在弹出的对话框中设定条件格式，如图 5-60 所示。

第四步：单击"确定"按钮完成设置。

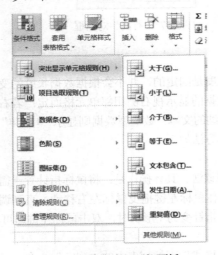

图 5-59　"条件格式"下拉面板　　　　　图 5-60　"大于"对话框

（2）取消条件格式

表格中若使用了条件格式，则这些格式是不能通过其他格式设置而改变的，若想给设置了条件格式的单元格重新设置格式，则需要重新设置条件格式；要么取消原来的条件格式，重新设置格式。重新设置条件格式的方法是：单击"条件格式"下拉面板，在其中选"新建规则"；取消的办法是：单击"条件格式"下拉面板，在其中选择"清除规则"。

7. 设置单元格样式和格式

Excel 2010 提供了大量预置好的表格格式，用户可以根据需要为表格快速指定预定格式，从而快速实现对表格的美化。

（1）指定单元格样式

该功能可以对任意一个指定的单元格设置预置格式。具体操作时，首先选中要设置样式的单元格，单击"开始"下的"样式"选项组中的"单元格样式"按钮，弹出"单元格样式"下拉面板，如图 5-61 所示，从中选择一个需要的样式即可。

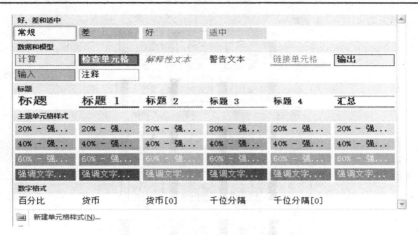

图 5-61　"单元格样式"下拉面板

（2）套用表格格式

该功能可以将预设格式应用到所选择的单元格区域。具体操作是：首先选中要套用格式的单元格区域，单击"开始"下的"样式"选项组中的"套用表格格式"按钮，弹出"套用表格格式"下拉面板，如图 5-62 所示，从中选择一个需要的格式即可。

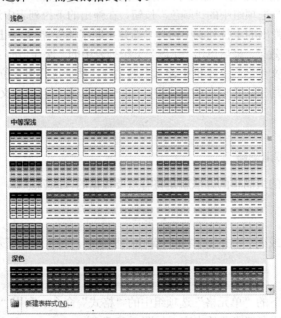

图 5-62　"套用表格格式"下拉面板

8．设置与使用主题

Excel 提供了许多内置的文档主题，用户可以使用这些主题来修饰整个工作簿，使其具有统一的外观。同时也可以通过自定义文档主题来创建自己的文档主题。

（1）使用主题

单击"页面布局"选项卡下的"主题"选项组中的"主题"按钮，弹出主题下拉列表，如图 5-63 所示，从中选择一个需要的主题即可。

图 5-63　　"主题"下拉列表

（2）自定义主题

当系统的内置主题不能满足用户需求时，用户可以自己定义主题。具体操作方法是：单击"页面布局"选项卡下的"主题"选项组中的"颜色"按钮，在弹出的下拉列表中选择"新建主题颜色"，然后单击"字体"按钮，在弹出的下拉列表中选择"新建主题字体"，接着单击"效果"按钮，在弹出的下拉列表中选择一组主题效果，最后单击"主题"下拉列表中的"保存当前主题"命令，在弹出的"保存当前主题"对话框的"文件名"文本框中输入主题名称，然后选择保存位置，单击"确定"按钮，用户新建的主题就保存成功了。在以后的操作中，用户就可以使用自己定义的主题了。

5.3.6　数据保护

1．行、列的隐藏与取消隐藏

在 Excel 中数据保护的最简单的办法就是将有重要数据的行或列隐藏，一旦需要可以随时取消隐藏，其操作都是一致的。

（1）鼠标操作法

选中准备要隐藏的行或列，单击鼠标右键，弹出快捷菜单，如图 5-64 所示。在其中按需要选择"隐藏"或"取消隐藏"。

（2）命令法

单击"开始"选项卡下的"单元格"选项组中的"格式"命令，利用"可见性"命令，用户可以根据自己的需要选择隐藏或取消隐藏的内容，如图 5-65 所示。

2．工作表与工作簿的保护

（1）保护工作簿

在 Excel 2010 中可以对工作簿进行保护，以防止其他人对工作簿进行修改。具体方法如下。

① 打开需要受保护的工作簿。

② 单击"审阅"选项卡中的"更改"选项组中的"保护工作簿"按钮，弹出"保护结构和窗口"对话框，从中选择需要的复选框，如图 5-66 所示，然后在密码文本框中输入密码，单击"确定"按钮。

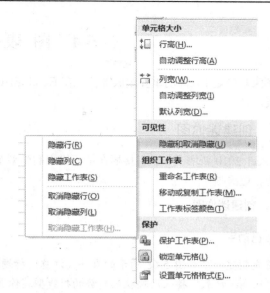

图 5-64　右击行、列号时弹出的快捷菜单　　　　　图 5-65　"隐藏和取消隐藏"命令菜单

在"保护结构和窗口"对话框中选中两个复选框的含义。

● 结构：阻止他人对工作表结构进行修改，包括工作表的移动、复制、删除、查看隐藏工作表以及工作表的更名。

● 窗口：阻止他人修改工作表窗口的大小和位置，包括移动窗口、调整窗口大小以及关闭窗口。

（2）保护工作表

为了防止他人对工作表格式或内容进行修改，可以设定工作表保护。具体方法如下。

① 打开需要保护的工作簿。

② 单击"审阅"选项卡中的"更改"选项组中的"保护工作表"按钮，弹出"保护工作表"对话框，在"允许此工作表的所有用户进行"列表框中选择需要的复选框，如图 5-67 所示，然后在"取消工作表保护时使用的密码"文本框中输入密码，单击"确定"按钮。

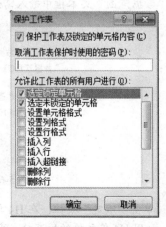

图 5-66　"保护结构和窗口"对话框　　　　　图 5-67　"保护工作表"对话框

一旦不需要保护时，要及时通过"审阅"选项卡的"更改"选项组的"撤销工作表保护"完成撤销保护操作。

5.4　图　表　处　理

图表功能是 Excel 的重要组成部分，在 Excel 2010 中可以根据工作表中的数据，创建形象、直观的图表。

5.4.1　创建迷你图

Excel 2010 新增了一个直接插在单元格中的微型图表，它不仅占用空间少，而且进行局部分析时更直观、更清晰。

1．创建迷你图

自己动手

首先创建一个如图 5-68 所示的表格（注意：标题使用了单元格合并，年平均使用平均函数），然后为"利润统计表"插入反映收入趋势的折线型迷你图。

	A	B	C	D	E	F	G	H
1				芳意集团近5年利润统计表				单位：万元
2								
3	项目	2010年	2011年	2012年	2013年	2014年	年平均	迷你图趋势
4	收入	2345.822482	1834.973643	2464.245647	3620.134372	3584.441271	2769.923483	
5	成本	1432.45	1323.36	1467.35	1982.13	2087.62	1658.582	
6	净利润	231.2337985	27.38902752	124.865413	367.425262	489.1648454	248.0156693	

图 5-68　"利润统计表"示意图

具体操作步骤（前面的创建表格部分自己完成，在此只考虑迷你图的创建）。

第一步：选中 H4 单元格。

第二步：单击"插入"选项卡下的"迷你图"选项组中的"折线图"按钮，弹出"创建迷你图"对话框，在"数据范围"文本框中输入需创建迷你图的数据范围，在此为 B4:G4，如图 5-69 所示。

图 5-69　"创建迷你图"对话框

第三步：单击"确定"按钮，在 H4 单元格中就会出现近 5 年收入的折线图，如图 5-70 所示。

第四步：利用 H4 单元格的填充柄，可以快速获得近 5 年的成本和净利润折线图，如图 5-71 所示。

2．改变迷你图的类型

迷你图创建好后，若不满意是可以改变的。具体操作方法是：选择需改变的迷你图单元格，通过"迷你图工具"下的"设计"选项卡的"类型"选项组对其进行设置，如图 5-72 所示。

							单位：万元
			芳意集团近5年利润统计表				
项目	2010年	2011年	2012年	2013年	2014年	年平均	迷你图趋势
收入	2345.822482	1834.973643	2464.245647	3620.134372	3584.441271	2769.923483	
成本	1432.45	1323.36	1467.35	1982.13	2087.62	1658.582	
净利润	231.2337985	27.38902752	124.865413	367.425262	489.1648454	248.0156693	

图 5-70 计算出近 5 年收入的折线迷你图效果

							单位：万元
			芳意集团近5年利润统计表				
项目	2010年	2011年	2012年	2013年	2014年	年平均	迷你图趋势
收入	2345.822482	1834.973643	2464.245647	3620.134372	3584.441271	2769.923483	
成本	1432.45	1323.36	1467.35	1982.13	2087.62	1658.582	
净利润	231.2337985	27.38902752	124.865413	367.425262	489.1648454	248.0156693	

图 5-71 利用填充柄计算出其余的折线迷你图

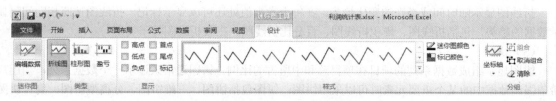

图 5-72 "迷你图工具"下的"设计"选项卡

3．迷你图的样式、颜色和其他设置

除了可以改变迷你图的类型，用户还可以通过"迷你图工具"下的"设计"选项卡的"样式"选项组对其进行样式及颜色的设置。可以通过"显示"选项组来突出显示迷你图中的某项数据，甚至可以通过"分组"选项组来清除迷你图。

5.4.2 创建图表

1．图表类型

Excel 提供了 11 种标准图表类型，用户通过"插入"选项卡的"图表"选项组创建图表，如图 5-73 所示。

图 5-73 "图表"选项组

若用户所创建的图表类型没有在"图表"选项组中直接呈现，可以通过单击该组中的"其他图表"命令或"对话启动器"，系统将弹出"插入图表"对话框，如图 5-74 所示，用户可根据需要进行选择。

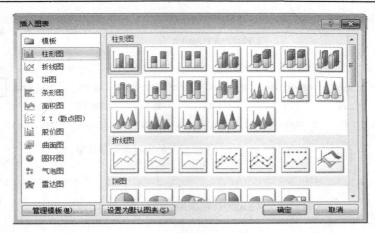

图 5-74　"插入图表"对话框

（1）柱形图

柱形图显示一段时间内数据的变化，或者显示不同项目之间的对比效果。柱形图包括簇状柱形图、堆积柱形图、百分比堆积柱形图、三维柱形图等子类型。

（2）折线图

折线图显示随时间或类别的变化趋势。在每个数据值处还可以显示标记。折线图按照相同间隔显示数据的趋势，包括折线图、堆积折线图、百分比折线图、三维折线图等子类型。

（3）饼图

饼图显示组成数据系列的项目在项目总和中所占的比例。饼图通常只显示一个数据系列，当用户希望强调数据中的某个重要元素时可以采用饼图。饼图包括饼图、三维饼图、分离型饼图、复合饼图等子类型。

（4）条形图

条形图显示各个项目之间的对比，包括簇状条形图、堆积条形图、百分比堆积条形图等子类型。

（5）面积图

面积图强调大小随时间发生的变化，包括面积图、堆积面积图、百分比堆积面积图等子类型。

（6）XY 散点图

XY 散点图显示若干数据系列中各数值之间的关系，或者将两组数绘制为 XY 坐标的一个系列。散点图通常用于科学数据，包括散点图、折线散点图等子类型。

（7）股价图

这种图表类型通常用于显示股票价格，但是也可以用于科学数据（如表示温度的变化）。为了创建股价图，必须按正确的顺序组织数据。股价图包括盘高-盘低-收盘图、开盘-盘高-盘低-收盘图、成交量-盘高-盘低-收盘、成交量-开盘-盘高-盘低-收盘 4 个子类型。

（8）曲面图

如果用户希望找到两组数据之间的最佳组合，可以通过曲面图来实现。就像在地形图中一样，颜色和图案表示具有相同取值范围的区域。曲面图包括三维曲面图、曲面图、俯视框架曲面图等子类型。

（9）圆环图

与饼图相类似，圆环图显示部分和整体之间的关系，但它可以包含多个数据系列，包括圆环图、分离型圆环图两个子类型。

（10）气泡图

气泡图是一种 XY 散点图，它以三个数值为一组对数据进行比较，而且可以三维效果显示。气泡的大小，即数据标记表示第三个变量的值。在为绘制气泡图准备数据时，将 X 值放在一行或一列，并在相邻的行或列中输入对应的 Y 值和气泡的大小。气泡图包括气泡图、三维气泡图两个子类型。

（11）雷达图

雷达图比较大量数据系列的合计值，包括雷达图、带数据标记的雷达图、填充雷达图 3 个子类型。

2．图表的创建与编辑

（1）图表的创建

自己动手

为"学生成绩"工作簿的"Sheet1"表的姓名和总分创建三维簇状柱形图。

具体操作步骤如下。

第一步：选中 Sheet1 表中的姓名和总分两列（注意使用"Ctrl"键）。

第二步：单击"插入"选项卡下的"图表"选项组中的"柱形图"按钮，弹出下拉面板，如图 5-75 所示，选中"三维簇状柱形图"，工作表区域就会呈现相应的图表，如图 5-76 所示。

图 5-75　"柱形图"下拉面板

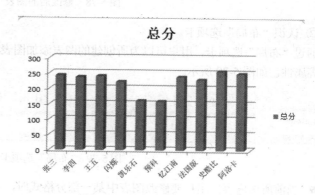

图 5-76　最终效果

（2）图表的修改及格式化

图表初步制作完成后，用户可以通过图表的"设计"、"布局"、"格式"选项卡对图表进行美化。

① 图表的修改。

若需要对所做图表进行修改，在选中图表后，功能区就会出现"图表工具"，用户可以通过如图 5-77 所示的"图表工具"下的"设计"选项卡，进行图表类型、数据、布局、样式、位置等修改。

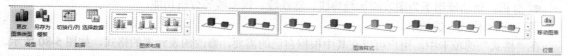

图 5-77　"设计"选项卡

自己动手

将"学生成绩"工作簿的已创建的三维簇状柱形图修改为分离型饼图，并使用布局 5 和样式 2。
具体操作步骤如下。

第一步：选中 Sheet1 表中的三维簇状柱形图。

第二步：单击"设计"选项卡下的"类型"选项组中的"更改图表类型"按钮，弹出"更改图表类型"对话框，选中"分离型饼图"，单击"确定"按钮。

第三步：单击"设计"选项卡下的"图表布局"选项组中的"布局 5"按钮。

第四步：单击"设计"选项卡下的"图表样式"选项组中的"样式 2"按钮，得到修改后的图表，如图 5-78 所示。

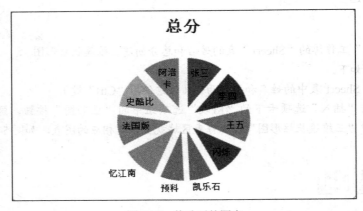

图 5-78　修改后的图表

② 认识"布局"选项卡。

通过"布局"选项卡，用户可以为所创建的图表添加图表标题、坐标轴标题、网格线、数据标签、图片等属性，如图 5-79 所示。

图 5-79　"布局"选项卡

- 当前所选内容：用户要修改图表中某一部分格式时，可通过该功能确定自己选择的对象。
- 插入：用户可根据自己的需要插入图片和形状对图表加以说明。
- 标签：该功能使用户能针对不同的数据格式进行修改，包括图表标题、坐标轴标题、图例、数据标签、数据表等。单击"图表标题"选项，并选择其中的"显示在图表上方"的属性，可以直接为图表添加标题。
- 坐标轴：该功能用于修改坐标轴和网格线的布局效果。
- 背景：该功能用于修改图表的背景墙效果。
- 分析：该功能用于为图表添加趋势线、涨跌线、误差线等分析功能。

③ 认识"格式"选项卡。

在"格式"选项卡中，用户可以在其中根据自己的需要，修改图表元素的格式，如图 5-80 所示。

- 形状样式：该功能用于为图表中的图形样式进行修改，包括填充色、轮廓颜色、阴影效果等。
- 艺术字样式：该功能用于为图表中的文字设定艺术效果等。

图 5-80　"格式"选项卡

5.5　数据分析处理

Excel 不仅能进行数据编辑、运算，而且还可以进行数据分析处理。

5.5.1　数据排序

要想快速地从大量数据中找到关键值最大或最小的信息，最有效的办法就是排序。排序是对数据列表常用的操作，通过排序，可以根据某特定列的内容来重排数据清单中的数据行。Excel 的排序操作通常是利用"数据"选项卡下的"排序和筛选"选项组中的"排序"按钮实现的，如图 5-81 所示。

图 5-81　"排序和筛选"选项组

1. 简单排序

自己动手

对"学生成绩"工作簿 Sheet1 中的数据按总分的降序排序。

具体操作步骤如下。

第一步：选中 Sheet1 表中的数据区域 A1:J11。

第二步：单击"数据"选项卡下的"排序和筛选"选项组中的"排序"按钮，弹出"排序"对话框，在"主要关键字"后的下拉列表框中选择"总分"，在"次序"的下拉列表框中选择"降序"，如图 5-82 所示。

第三步：单击"确定"按钮，表中数据即按总分降序做了相应的行位调整。

图 5-82　"排序"对话框

2. 复杂排序

当排序依据较多时，就需要进行复杂排序。

自己动手

对"学生成绩"工作簿 Sheet1 中的数据先按班级的升序排序，班级相同的按总分的降序排序，班级、总分都相同的按语文的降序排序。

具体操作步骤如下。

第一步：选中 Sheet1 表中的数据区域 A1:J11。

第二步：单击"数据"选项卡下的"排序和筛选"选项组中的"排序"按钮，弹出"排序"对话框，在"主要关键字"后的下拉列表框中选择"班级"，在"次序"的下拉列表框中选择"升序"。

第三步：单击"添加条件"按钮。在新增一行的"次要关键字"的下拉列表框中选择"总分"，在"次序"的下拉列表框中选择"降序"。

第四步：单击"添加条件"按钮。在新增一行的"次要关键字"的下拉列表框中选择"语文"，在"次序"的下拉列表框中选择"降序"，如图 5-83 所示。

第五步：单击"确定"按钮，得到排序结果，如图 5-84 所示。

图 5-83　在"排序"对话框中设置多重条件

学号	序号	姓名	性别	班级	语文	数学	英语	总分	平均分
11111111111111111	01	张三	男	1	70	92	80	242	80.66666667
22222222222222222	02	李四	女	1	87	90	60	237	79
88888888888888888	08	法国版	女	1	82	79	68	229	76.33333333
99999999999999999	09	史蒂比	女	2	89	95	73	257	85.66666667
44444444444444444	04	闪烁	男	2	83	67	72	222	74
55555555555555555	05	凯乐石	女	2	65	45	51	161	53.66666667
00000000000000000	10	阿洛卡	男	3	88	81	80	249	83
33333333333333333	03	王五	女	3	82	80	78	240	80
77777777777777777	07	忆江南	男	3	90	78	70	238	79.33333333
66666666666666666	06	预科	男	3	53	56	50	159	53

图 5-84　复杂排序效果

5.5.2　数据筛选

在 Excel 中，进行数据筛选有两种方法：自动筛选和高级筛选。其中自动筛选是一种极为简单的筛选方法，只是它只能针对简单条件，对于复杂的筛选条件就必须要用高级筛选了。不论是哪种筛选，其作用均是将不满足条件的数据记录隐藏起来。

1. 自动筛选

自动筛选功能是将数据列表中符合条件的记录显示出来，而不符合指定条件的记录被暂时隐藏起来。

（1）自动筛选条件的应用

自己动手

筛选出"学生成绩"工作簿 Sheet1 中的 1 班所有女同学的数据记录。

具体操作步骤如下。

第一步：选中 Sheet1 表中的数据区域 A1:J11。

第二步：单击"数据"选项卡下的"排序和筛选"选项组中的"筛选"按钮，此时所有列名后都会出现一个下三角的筛选标记⊡。

第三步：单击"班级"后的筛选标记，在弹出的下拉列表中取消勾选"全选"复选框，勾选"1"复选框，单击"确定"按钮。

第四步：单击"性别"后的筛选标记，在弹出的下拉列表中取消勾选"全选"复选框，勾选"女"复选框，单击"确定"按钮，得到最终筛选结果，如图 5-85 所示。

图 5-85　自动筛选结果

（2）自定义筛选

在进行自动筛选时，常常会出现自动筛选条件不能满足用户需求的情况，此时可以进行自定义筛选。

自己动手

筛选出"学生成绩"工作簿 Sheet1 中的所有语文和数学成绩不低于 80 分的数据记录。

具体操作步骤如下。

第一步：选中 Sheet1 表中的数据区域 A1:J11。

第二步：单击"数据"选项卡下的"排序和筛选"选项组中的"筛选"按钮。

第三步：单击"语文"后的筛选标记，在弹出的下拉列表中选择"数字筛选"下的"大于或等于"，弹出"自定义自动筛选"对话框，在"大于或等于"后的下拉组合框中输入 80，如图 5-86 所示。

第四步：单击"数学"后的筛选标记，在弹出的下拉列表中选择"数字筛选"下的"大于或等于"，弹出"自定义自动筛选"对话框，在"大于或等于"后的下拉组合框中输入 80，单击"确定"按钮，得到最终筛选结果，如图 5-87 所示。

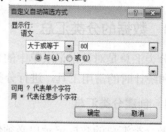

图 5-86　"自定义自动筛选方式"对话框

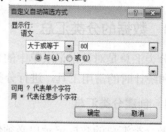

图 5-87　自定义自动筛选结果

2. 高级筛选

在实际应用中，常常会涉及更复杂的筛选条件，利用自动筛选已无法完成，此时就需要使用高级筛选。

自己动手

筛选出"学生成绩"工作簿 Sheet1 中的所有语文及格的女同学或 1 班的同学。

具体操作步骤如下。

第一步：设置条件区。

首先在与原数据位置至少隔开 1 行或 1 列的位置设置条件区。在此分别选中 A15、B15、C15 单元格，分别输入涉及条件的列名：性别、语文、班级（条件列名必须置于同行单元格），在 A16、B16 单元格中分别输入条件值：女、>=60，在 C17 单元格输入条件值：1（同时满足的条件值位于同一行，不同时满足的条件值要放置在另一行）。

第二步：选中 Sheet1 表中的数据区域 A1:J11。

第三步：单击"数据"选项卡下的"排序和筛选"选项组中的"高级"按钮，弹出"高级筛选"对话框，在"列表区域"后的文本框中明确参与筛选的数据区域，在"条件区域"后的文本框中明确条件区域，如图 5-88 所示。

图 5-88 "高级筛选"对话框

第四步：明确方式和确定是否选择不重复的记录后，单击"确定"按钮，得到最终筛选结果，如图 5-89 所示。

学号	序号	姓名	性别	班级	语文	数学	英语	总分	平均分
1111111111111111111	01	张三	男	1	70	92	80	242	80.66666667
2222222222222222222	02	李四	女	1	87	90	60	237	79
8888888888888888888	08	法国版	女	1	82	79	68	229	76.33333333
9999999999999999999	09	史酷比	女	2	89	95	73	257	85.66666667
5555555555555555555	05	凯乐石	女	2	65	45	51	161	53.66666667
3333333333333333333	03	王五	女	3	82	80	78	240	80

图 5-89 高级筛选的筛选结果

5.5.3 数据的分类汇总

分类汇总是对数据记录单中的数据进行分类，在此基础上对数据进行汇总。它是用户对数据进行分析和统计时的常用工具。进行分类汇总之前要先对分类数据列排序。

1. 创建分类汇总

做分类汇总的数据记录单必须保证每列均有列名，且中间不能有空行、空列、重复行、重复列，每列具有相同的数据类型。

自己动手

分别统计出"学生成绩"工作簿 Sheet1 中各班同学各科的平均成绩。

具体操作步骤如下。

第一步：首先对分类数据"班级"进行排序操作（升/降序均可）。

第二步：选中 Sheet1 表中做完排序的数据区域 A1:J11。

第三步：单击"数据"选项卡下的"分级显示"选项组中的"分类汇总"按钮，弹出"分类汇总"对话框，在"分类字段"后的下拉列表框中选择"班级"，在"汇总方式"后的下拉列表框中选择"平均值"，在"选定汇总项"的下拉列表框中勾选"语文、数学、英语"，取消其他勾选，如图 5-90 所示。

图 5-90 "分类汇总"对话框

第四步：单击"确定"按钮，得到分类汇总结果，如图 5-91 所示。

结果左方的按钮减号 ▬ 为隐藏明细按钮，按钮加号 ╋ 为显示明细按钮，单击可以显示或隐藏数据。

学号	序号	姓名	性别	班级	语文	数学	英语	总分	平均分
11111111111111111	01	张三	男	1	70	92	80	242	80.66666667
2222222222222222	02	李四	女	1	87	90	60	237	79
8888888888888888	08	法国版	女	1	82	79	68	229	76.33333333
				1 平均	79.67	87	69.33		
9999999999999999	09	史酷比	女	2	89	95	73	257	85.66666667
4444444444444444	04	闪烁	男	2	83	67	72	222	74
5555555555555555	05	凯乐石	女	2	65	45	51	161	53.66666667
				2 平均	79	69	65.33		
0000000000000000	10	阿洛卡	男	3	88	81	80	249	83
3333333333333333	03	王五	女	3	82	80	78	240	80
7777777777777777	07	忆江南	男	3	90	76	50	238	79.33333333
6666666666666666	06	预料	男	3	53	56	50	159	53
				3 平均	78.25	73.75	69.5		
				总计平	78.9	76.3	68.2		

图 5-91　分类汇总结果

2．删除分类汇总

分类汇总既可以创建，也可以删除，具体操作方法如下：

单击任一数据单元格，通过"数据"下的"分级显示"中的"分类汇总"命令，在"分类汇总"对话框中单击"全部删除"按钮，即可将前面所做的汇总格式全部清除。该步骤不会清除表格中的数据。

5.5.4　数据透视

数据透视用于快速汇总大量数据，通过数据透视表功能，可以改变字段的行列排列方式，使用户更直观地分析数据结果。

自己动手

为"学生成绩"工作簿中的成绩数据创建一个数据透视表，放置在一个名为"数据透视分析"的新工作表中，要求针对男、女比较各班语文成绩的平均分。其中，班级名称为行标签，性别名称为列标签，并对语文成绩求平均。

具体操作步骤如下。

第一步：取消分类汇总。

第二步：选中 Sheet1 表中的数据区域 A1:J11。

第三步：单击"插入"选项卡下的"表格"选项组中的"数据透视表"按钮，弹出下拉面板，在其中选"数据透视表"，弹出"创建数据透视表"对话框，如图 5-92 所示。

图 5-92　"创建数据透视表"对话框

第四步：进入创建透视表界面，在界面左侧"数据透视表字段列表"中，将"班级"拖放到下方的"行标签"框中，将"性别"拖放到下方的"列标签"框中，将"语文"拖放到下方的"数值"框中，如图 5-93 所示。

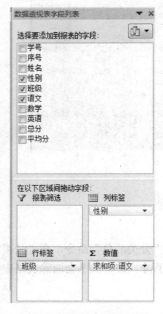

图 5-93　透视表创建界面

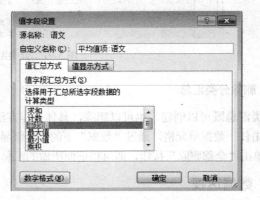

图 5-94　"值字段设置"对话框

第四步：由于"数值"框默认是进行求和计算的，所以单击"数值"框中"求和项语文"右下角的三角按钮，在弹出的下拉菜单中选择"值字段设置"，弹出"值字段设置"对话框，在"计算类型"下拉列表框中选"平均值"，如图 5-94 所示。

第五步：单击"确定"按钮，得到数据透视表结果，如图 5-95 所示。

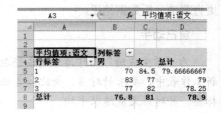

图 5-95　数据透视表结果

5.6　工作表的页面布局与打印输出

工作表制作好后，常常要送往打印机打印输出，在打印输出前必须要做好页面布局。

5.6.1　页面设置

页面设置主要是在打印前进行纸张大小、方向、缩放、起始页码等的设置。

1. 纸张大小的设置

纸张大小设置是打印前的一项十分重要的工作，Excel 2010 提供了许多纸型供用户选择，默认的纸张大小为 A4。

自己动手

设置"学生成绩"工作簿 Sheet1 表的纸张大小为：B4。

具体操作步骤如下。

第一步：打开"学生成绩"工作簿，选中 Sheet1 表。

第二步：单击"页面布局"选项卡下的"页面布局"选项组中的"纸张大小"按钮，弹出其下拉列表，在其中选中"B4（JIS）"，如图 5-96 所示。

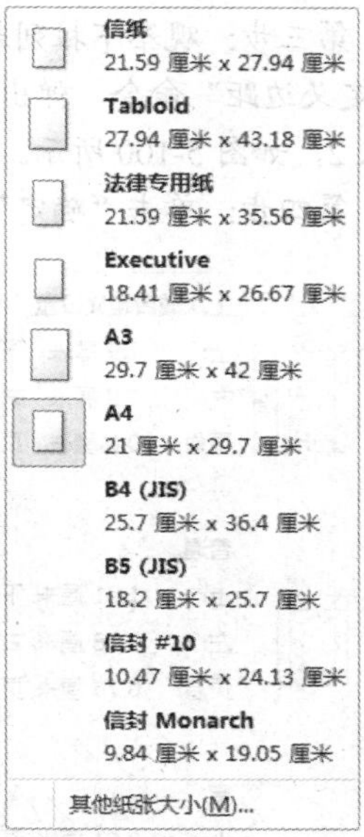

2. 纸张方向

纸张方向分为横向和纵向，在打印前一定要注意表格的宽度。由于表格通常较宽，所以选择横向的情况比较多。具体方法是通过单击"页面布局"选项卡下的"页面设置"选项组中的"纸张方向"按钮，弹出其下拉列表，如图 5-97 所示，从中选择自己需要的纸张方向。

3. 缩放

通过缩放设置可以放大或缩小指定工作表。

自己动手

由于"学生成绩"工作簿的 Sheet1 表格较宽，用户不想采用横向的方式，因此希望通过缩小比例，仍然采用纵向来打印表格。经过预览，发现缩放 70% 较能满足要求，现为其完成设置。

图 5-96　"纸张大小"下拉列表

具体操作步骤如下。

第一步：打开"学生成绩"工作簿，选中 Sheet1 表。

第二步：单击"页面布局"选项卡下的"调整为合适大小"选项组，在"缩放比例"右侧的微调框中输入 70%，如图 5-98 所示。

图 5-97　"纸张方向"下拉列表　　　　　图 5-98　"调整为合适大小"选项组

5.6.2　页边距及页眉页脚的设置

页边距指的是打印在纸张上的内容距离纸张上、下、左、右边界的距离，通常以厘米为单位；而页眉页脚是长表格必须要完成的设置工作。页眉是指每页顶部显示的信息，包括工作表的标题、名称等；而页脚是每页底部显示的信息，包括页码、打印日期等。

1. 页边距的设置

自己动手

设置"学生成绩"工作簿 Sheet1 表上下页边距各为 2.5 厘米，左右各为 2 厘米。

具体操作步骤如下。

第一步：打开"学生成绩"工作簿，选中 Sheet1 表。

第二步：单击"页面布局"选项卡下的"页面布局"选项组中的"页边距"按钮，弹出其下拉列表，如图 5-99 所示。

　　第三步：观察下拉列表中是否有需要的页边距，若有直接选择完成操作。现发现没有，所以选中"自定义边距"命令，弹出"页面设置"对话框，在上下微调框中分别输入 2.5，在左右微调框中分别输入 2，如图 5-100 所示。

　　第四步：单击"确定"按钮，完成设置。

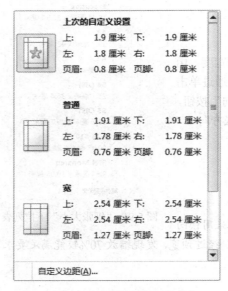

图 5-99　"页边距"下拉列表

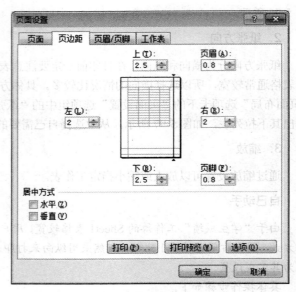

图 5-100　"页边距"选项卡

2. 页眉和页脚的设置

　　用户可以通过"页面设置"对话框的"页眉/页脚"选项卡或通过"视图"选项卡下的"工作簿视图"选项组实现对页眉和页脚的设置。具体方法是（以"页面设置"对话框为例）：首先单击"页面布局"选项卡下的"页面设置"选项组右下的对话框启动器，弹出"页面设置"对话框，单击"页眉/页脚"选项卡，如图 5-101 所示，通过该选项卡可以对页眉和页脚进行设置。

图 5-101　"页眉/页脚"选项卡

说明：

①"页眉"、"页脚"下拉列表框：单击"页眉"或"页脚"右侧的下拉按钮▼，在弹出的下拉列表中可以选择 Excel 内置的页眉和页脚。

②"自定义页眉"、"自定义页脚"按钮：单击这两个按钮，用户可以在弹出的对话框中自行定义所需页眉和页脚。

③"奇偶页不同"复选框：勾选该复选框，则实现多页表格的奇偶页的页眉和页脚不同。

④"首页不同"复选框：勾选该复选框，则实现多页表格的首页的页眉和页脚与其他页不同。

⑤"随文档自动缩放"：勾选该复选框，则页眉和页脚随文档的调整而自动放大或缩小。

⑥"与页边距对齐"：勾选该复选框，则页眉和页脚将与页边距对齐。

5.6.3　打印设置

1．设置打印区域

表格实施打印前，一定要设置打印区域，特别是只打印表格的部分内容时，这项工作更是必不可少的。具体操作时，首先选中准备要打印的连续单元格的单元格区域，单击"页面布局"选项卡下的"页面设置"选项组中的"打印区域"，弹出下拉列表，如图 5-102 所示。在其中选择"设置打印区域"命令，则选中的单元格区域即设置为打印区域。

图 5-102　"打印区域"下拉列表

当然，用户也可在"页面设置"对话框中进行打印区域的设置。

2．设置打印效果

打印效果的设置可以通过"页面布局"对话框的"工作表"选项卡来实现，具体如下。

①"打印标题"选项组：包括"顶端标题行"和"左端标题列"两个选项。当工作表内容太多，一页显示不了时，为了能看懂每页各行各列所表示的内容，需要在每页上打印出行或列的标题。

②"网格线"复选框：勾选该框，即在工作表中打印网格线。

③"单色打印"复选框：勾选该框，打印时忽略其他打印颜色。

④"草稿品质"复选框：勾选该框，打印时将不打印网格线，同时图形以简化方式输出，缩短了打印时间。

⑤"行号列标"复选框：勾选该框，打印时打印行号列标。

⑥"批注"下拉列表框：用于设置打印时是否包含批注。

3．设置打印顺序

在"页面布局"对话框的"工作表"选项卡中还可以实现打印顺序的设置，包括"先列后行"和"先行后列"两个选项。它指定工作表中的数据如何阅读和打印。

4．打印预览

单击"文件"中的"打印"命令即可看到预览效果。也可以在"页面设置"对话框中选择"打印预览"按钮。

5．打印

对一个工作表的全部设置完成后，就可以将该文档打印输出了。单击"文件"下的"打印"命令，在其中间的面板中选择"打印"命令，弹出如图 5-103 所示的对话面板。

图 5-103 "打印"对话面板

说明：

① "打印机"：如果安装了多台打印机，则用户可以通过下拉菜单选择通过哪一台打印机输出文件。

② "打印范围"：根据用户需要，选择打印"全部"文件，或者是选择从××页至××页。

③ "打印内容"：根据用户需要，选择打印"选定区域"、"选定工作表"、甚至"选定图表"等项目。

④ "打印份数"：根据用户需要输入数据，即可输出用户想要的文件份数。

习　题

1. Excel 2010 文件的扩展名是（　　）。

　　A．docx　　　　　　　B．xlsx　　　　　　　C．sysx　　　　　　　D．txt

2. 一个工作簿文件中最多可包含（　　）个工作表。

　　A．255　　　　　　　B．256　　　　　　　C．65536 个　　　　　D．受到内存限制的多个

3. 要将数字当作文本处理应该在数字前面输入一个半角（　　）。

　　A．书名号　　　　　　B．逗号　　　　　　　C．单引号　　　　　　D．句号

4. 文本在单元格中显示为（　　）对齐。

　　A．左　　　　　　　　B．右　　　　　　　　C．居中　　　　　　　D．分散

5. Excel 2010 提供了多个面向使用结果的选项卡，其中不属于 Excel 的是（　　）。

　　A．文件　　　　　　　B．视图　　　　　　　C．数据　　　　　　　D．公式

6. 编辑数据时，按住（　　）键可选中当前单元格右边的单元格。

    A．Tab　　　　　　　　B．Ctrl　　　　　　　　C．Alt　　　　　　　　D．Enter

7. 要对某班级期末各位同学的总分进行从高到低排序，应执行（　　）选项卡中的排序命令。

    A．开始　　　　　　　　B．页面布局　　　　　　C．数据　　　　　　　　D．视图

8. 执行自动筛选后，不符合筛选条件的行被（　　）。

    A．删除　　　　　　　　B．隐藏　　　　　　　　C．显示　　　　　　　　D．选中

9. 在 Excel 2010 中，填充柄位于（　　）。

    A．开始选项卡中　　　B．数据选项卡中　　　C．公式选项卡中　　　D．选中单元格的右下角

10. 要为单元格添加边框线，在"开始"选项卡中执行（　　）命令组中的边框命令。

    A．样式　　　　　　　　B．字体　　　　　　　　C．对齐方式　　　　　　D．单元格

11. 在 Excel 中，一个单元格输入一个公式时，应先输入（　　）。

    A．*　　　　　　　　　B．#　　　　　　　　　C．=　　　　　　　　　D．空格

12. 关于单元格的绝对引用，下列选项正确的是（　　）。

    A．$D3　　　　　　　　B．E$6　　　　　　　　C．5FG　　　　　　　D．$B$4

13. 下列选项中正确表示一个连续单元格区域的是（　　）。

    A．A1,B4　　　　　　　B．G3-H6　　　　　　　C．B3:E8　　　　　　　D．F4\G9

14. 当表中数据被修改时，由此产生的图表会（　　）。

    A．保持不变　　　　　　B．随之更新　　　　　　C．图表类型改变　　　　D．图表颜色改变

15. 对表中数据按照某个关键字分类汇总，首先要做的操作是按此关键字（　　）。

    A．筛选　　　　　　　　B．排序　　　　　　　　C．求和　　　　　　　　D．计数

16. 要将数字设置成货币格式，执行"开始"选项卡中的"数字"命令组中的"常规"命令，在下拉列表框中选择（　　）。

    A．常规　　　　　　　　B．货币　　　　　　　　C．时间　　　　　　　　D．文本

17. 设 Excel 单元 A2、B2、A3、B3 的值分别为 20、30、60、70，在 D2 中输入公式" = $A$2＋$B$2"，当把 D2 的公式复制到 D3 中时，D3 的值为（　　）。

    A．50　　　　　　　　　B．80　　　　　　　　　C．90　　　　　　　　　D．100

18. 设 Excel 单元 A2、B2、A3、B3 的值分别为 20、30、60、70，在 D2 中输入公式" = $A$2＋B2"，当把 D2 的公式使用填充柄复制到 D3 中时，D3 的值为（　　）。

    A．50　　　　　　　　　B．80　　　　　　　　　C．90　　　　　　　　　D．100

19. 在 Excel 中，若 A1 单元格中的值为"中国"，B1 单元格中的值为"北京"，在 C1 单元格输入公式"=A1&B1"，此时将 B1 单元格中的值改为"您好"，则 C1 单元格的值为（　　）。

    A．您好北京　　　　　　B．中国北京　　　　　　C．中国您好　　　　　　D．北京您好

20. 在 Excel 中，当公式中出现除数为 0 的情况时，单元格会显示（　　）。

    A．#N/A!　　　　　　　B．#VALUE　　　　　　C．#NMU!　　　　　　D．#DIV/0

实　　验

创建一个名为"职工信息"的工作簿，在其 Sheet1 表中输入如图 5-104 所示的数据。

在其 Sheet2 表中输入如图 5-105 所示的数据。

图 5-104　职工信息工作簿的第一张工作表中的数据

根据两张表的数据做如下操作：

（1）将 Sheet1 更名为原始数据，将 Sheet2 更名为计算结果。（2）设置表格列标题的字体：隶书；字号：20 磅；字形：加粗；颜色：红。

（3）设置表格其他数据的字体：华文中宋；字号：14 磅；颜色：蓝。

（4）设置表格列标题行的行高为 35，出生日期和参加工作时间列的列宽为 22，其余列的列宽为最合适的列宽。

图 5-105　职工信息工作簿的第二张工作表中的数据

（5）设置表格区域加双线外框，单线内框。

（6）利用条件格式为所有职称是教授的单元格加黄色底纹。

（7）计算公积金、医保、社保及工龄（由于公积金、医保、社保都有单位补贴的部分，在此仅仅是为了练习做了相应简化）：公积金=基本工资*0.28；医保=基本工资*0.05；社保=基本工资*0.08。

（8）计算所得税和实发工资：所得税为基本工资高于 3500 按 5%扣税，否则不扣税；实发工资=基本工资+公积金-医保-社保-所得税。

（9）为"姓名"和"实发工资"两列创建三维簇状柱形图，系列产生在列，置于当前表中。

（10）建立数据透视表。

具体要求如下：

① 从 Sheet3 的 A1 单元格开始，显示不同职称级别的人数。

② 行区域设置为"职称"。

③ 列区域设置为"级别"。

④ 计数项为"级别"。

参 考 文 献

[1] 贾宗福，高巍巍，关绍云，王克朝等. 新编大学计算机基础实践教程. 北京：中国铁道出版社，2014.

[2] 贾小军，童小素. 办公软件高级应用与案例精选（Office 2010）. 北京：中国铁道出版社，2014.

[3] 王建忠，何志国. 大学计算机基础（Office 2010）. 北京：科学出版社，2014.

[4] 教育部考试中心. 全国计算机等级考试二级教程——MS Office 高级应用（2013 年版）. 北京：高等教育出版社，2013.

[5] 邹显春，李盛瑜. 大学计算机基础实践教程（Windows 7 及 Office 2010 版）. 北京：高等教育出版社，2014.

[6] 付长青，魏宇清，高星，王纲，裴彩燕，肖娟，高振波. 大学计算机基础（Windows 7 + Office 2010）. 北京：清华大学出版社，2014.

[7] 刘志勇，张敬东，封雪，高婕姝，郝颖. 大学计算机基础教程（Windows 7·Office 2010）. 北京：清华大学出版社，2014.

[8] 杨相生，孙霞. 大学计算机案例教程（Windows 7 + Office 2010）. 北京：电子工业出版社，2014.

[9] 方洁，陈希. 大学计算机应用基础（Windows 7 + Office 2010）（第 2 版）. 北京：电子工业出版社，2014.

[10] 郑立垠等. 实用大学计算机应用技术教程—基于 Windows 7 + Office 2010. 北京：电子工业出版社，2014.

[11] 魏群. 大学计算机应用基础. 北京：电子工业出版社，2014.

大学计算机
——基于计算思维
（Windows 7+Office 2010）

- 提供配套电子课件和习题参考答案
- 基于大学计算机课时缩减的现状
- 理论+上机实验+习题

ISBN 978-7-121-26342-2

9 787121 263422 >

策划编辑：王羽佳
责任编辑：周宏敏
责任美编：徐海燕

定价：32.00元